基于 BIM 的建筑工程管理

潘长华　张明海　郭建　主编

U0340754

延吉·延边大学出版社

图书在版编目（CIP）数据

基于BIM的建筑工程管理 / 潘长华，张明海，郭建主编 . -- 延吉：延边大学出版社，2024. 6. -- ISBN 978-7-230-06688-4

Ⅰ．TU71-39

中国国家版本馆CIP数据核字第2024QP7288号

基于BIM的建筑工程管理

JIYU BIM DE JIANZHU GONGCHENG GUANLI

主　　编：潘长华　张明海　郭建
责任编辑：耿亚龙
封面设计：文合文化
出版发行：延边大学出版社
社　　址：吉林省延吉市公园路977号　　　　邮　　编：133002
网　　址：http://www.ydcbs.com　　　　　E-mail：ydcbs@ydcbs.com
电　　话：0433-2732435　　　　　　　　　传　　真：0433-2732434
印　　刷：三河市嵩川印刷有限公司
开　　本：710mm×1000mm　1/16
印　　张：12
字　　数：200 千字
版　　次：2024 年 6 月 第 1 版
印　　次：2024 年 6 月 第 1 次印刷
书　　号：ISBN 978-7-230-06688-4

定价：70.00元

编 写 成 员

主　　编：潘长华　张明海　郭　建

副 主 编：张　正　能建华　杨　杰　高海涛

编写单位：冠鲁建设股份有限公司

前　　言

随着建筑业的不断发展，BIM（building information model，建筑信息模型）应用的范围越来越广泛。BIM能够提高建筑工程施工质量和工期管理工作的质量以及效率，为建筑工程的安全性与稳定性奠定坚实的基础。因此，建筑工程管理人员需要掌握与BIM相关的专业知识，并将BIM技术积极用于管理工作中，从而提高施工质量，缩短工期，降低返工的可能性。建筑企业应加强对BIM技术的应用，推动建筑工程管理工作高质量进行，提升建筑工程的整体建设质量，助力建筑行业高质量发展。

本书共分六章：第一章对BIM与建筑工程管理的相关内容进行了简单介绍，第二至五章分别对基于BIM的建筑工程质量管理、施工进度管理、造价管理和安全管理进行了论述，第六章探讨了基于BIM的建筑工程项目协同管理。

《基于BIM的建筑工程管理》一书共20万余字。该书由冠鲁建设股份有限公司潘长华、张明海、郭建担任主编。其中第二章、第三章由主编潘长华负责撰写，字数10万余字；第四章、第五章由主编张明海负责撰写，字数5万余字；第一章、第六章由主编郭建负责撰写，字数5万余字。副主编由张正、能建华、杨杰、高海涛担任并负责全书统筹，为本书出版付出大量努力。

在编写本书的过程中，笔者参阅了大量相关文献，在此谨向文献作者表示真诚的感谢。由于笔者水平有限，书中难免存在不足之处，希望广大读者批评指正。

笔者

2024年3月

目　录

第一章　BIM 与建筑工程管理

第一节　BIM 概述

一、BIM 的起源

1974 年 9 月，美国佐治亚理工学院建筑学院教授查尔斯·伊斯曼（Charles Eastman）（被称为"BIM 之父"）和他的团队发表了"An Outline of The Building Description System"（《建筑描述系统概要》）一文，这被视为 BIM 的开创性研究。

1975 年，伊斯曼提出建筑描述系统（building description system, BDS）。BDS 是 BIM 的雏形，是有记载的最早关于 BIM 概念的名词。同年，伊斯曼与卡内基梅隆大学高级建筑研究项目团队在美国国家科学基金会的支持下对 BDS 进行了深入研究并发表文章"The Use of Computers Instead of Drawings in Building Design"（《在建筑设计中用计算机取代图纸》），更加详尽地阐述了 BDS。伊斯曼的目标是开发一个能够详细描述建筑物的计算机数据库，并为该数据库研发一套完美契合且功能强大的操作系统。这一愿景在之后的几十年里逐渐得以实现。

1977 年，伊斯曼等提出了交互式设计的图形语言，对 BDS 进行了完善，并通过交互式设计的图形语言构建功能完整的信息模型将这些模型相互关联。

20 世纪 80 年代初，"产品信息模型"（information model）的概念由芬兰学者提出，而该模型又被美国学者称作"建筑产品模型"。1986 年，美国学者罗伯特·艾什（Robert Aish）提出和 BIM 概念非常接近的建筑模型（building modeling）的概念。该模型包含建筑的三维几何及其他多方面信息。1989 年，建筑产品模型（building product model, BPM）以产品库的形式定义工程的信息，这对建筑信息模型的发展来说是一次质的飞跃。之后不久，荷兰学者在发表的论文中用到了建筑信息模型（building information modeling, BIM）的概念。但由于受计算机软硬件技术的制约，BIM 的思想未在业内得到推广，仅停留在学术研究领域。1995 年，通用建筑模型（generic building model, GBM）的出现解决了建筑信息模型构建中的多个问题，如如何同时表示建筑物的实体构造及其空间形式，如何在操纵和分析建筑构造、空间形式的同时保持两组数据逻辑关系的一致性等。

1999 年，伊斯曼在其著作中将"建筑描述系统"发展为"建筑产品模型"，强调建筑产品也应像制造业的产品一样，先用原型机进行完整的设计测试，在仔细规划后才能上生产线生产。

2002 年，杰里·莱瑟林（Jerry Laiserin）发表"Comparing Pommes and Naranjas"（《比较苹果与橙子》）一文，并将文章发给工程建设业内众多的软件商和专业组织，提议共同使用一个名词——BIM 来表达软件间的数据交换和互用性。从此，BIM 这一名词开始在建筑行业得到广泛使用。

随后，BIM 逐渐受到全球各大软件开发商的青睐，得到大力开发与推广，开始快速发展。BIM 不再只是停留于学术范畴的概念模型，而是可用于工程实践的商业化工具。

BIM 拉开了建筑信息化的第二次革命，标志着工程建设行业从 CAD（计算机辅助设计）时代迈入了 BIM 时代。BIM 技术强调三维、整体性、协同性，是 CAD 技术发展到一定阶段后的必然趋势，其以更先进的理念和模式，推动着建筑信息化领域的变革。

二、BIM 的概念

国内外相关机构和学者从不同的角度对 BIM 的概念进行了探究。

伊斯曼在 *BIM Handbook*（《BIM 手册》）中提出：建筑信息模型不仅应该集成所有的几何特性、功能要求和构件的性能信息，还应包括施工进度、建造过程、维护管理等过程信息。

美国的欧特克（Autodesk）公司将 BIM 定义为：BIM 是一种用于建筑设计、施工和管理的方法，运用这种方法可以及时并持续地获得质量高、可靠性好、集成度高、协作充分的项目设计范围、进度及成本的信息。

美国建筑师协会对 BIM 的定义是：连接工程信息数据库的建模技术。

建筑智慧国际联盟定义了三个层次的 BIM：第一个层次为创建模型——building information model；第二个层次为应用模型——building information modeling；第三个层次为管理模型——building information management。

美国国家建筑信息模型标准项目委员会编制的国家 BIM 标准对 BIM 的定义是：BIM 是对设施的物理及功能特征的一种数字化表达，是为设施从项目的概念阶段开始的全生命周期提供可靠决策支持的信息共享资源。

曾任建筑智慧国际联盟主席的德纳·史密斯（Dana Smith）先生在其 BIM 专著中提出了对 BIM 的通俗解释：BIM 是将数据（data）、信息（information）、知识（knowledge）、智慧（wisdom）放在一个链条上，把数据转化成信息，从而获得知识，让我们智慧地行动的机制。

2007 年，我国建筑工业行业标准《建筑对象数字化定义》（JG/T 198—2007）将 BIM 定义为："建筑信息完整协调的数据组织，便于计算机应用程序进行访问、修改或添加。这些信息包括按照开放工业标准表达的建筑设施的物理和功能特点以及相关的项目或生命周期信息。"

我国住房和城乡建设部于 2016 年颁布的《建筑信息模型应用统一标准》（GB/T 51212—2016）将 BIM 定义为："在建设工程及设施全生命期内，对其物理和功能特性进行数字化表达，并依此设计、施工、运营的过程和结果的总称，简称模型。"

综合上述学者和机构对 BIM 的定义，可以得到如下几种对 BIM 的理解：

第一，BIM 是一个建筑设施的计算机数字化、空间化、可视化模型。BIM 与其他传统的三维建筑模型有着本质的区别，其兼具了物理特性和功能特性。

第二，BIM 是一个存放工程数据的知识库，可作为建筑全生命周期信息共享的数据来源。BIM 使得工程的规划、设计、施工等阶段的工作人员都能从中获取连续、即时、可靠、一致的数据。

第三，BIM 是一种信息化的技术，更是一种思维和工作模式，是对建筑工程管理实现精细化、数据化、科学化、集成化管理的方法。

三、BIM 的特征

BIM 具有可视化、协调性、模拟性、优化性和可出图性等特征。

（一）可视化

可视化即"所见即所得"。对于建筑业而言，可视化的作用非常大。目前，在传统工程建设中所用的施工图纸只是将各个构件信息用线条来表达，其真正的构造形式需要工程建设参与人员去自行想象。但现代建筑往往形式各异、造型复杂，光凭人脑去想象这类建筑不太现实。BIM 技术可将以往的线条式构件形成一种三维的立体实物图形展示在人们面前。应用 BIM 技术，不仅可以展示效果，还可以生成所需要的各种报表，更重要的是其可以使工程设计、建造、运营过程中的沟通、讨论、决策都能在可视化状态下进行。

（二）协调性

协调工作是工程建设实施过程中的重要工作。通常，在工程实施过程中一旦遇到问题，就需将各部门有关人员组织起来召开会议共同讨论，找出问题的原因及解决办法，然后采取相应措施。应用 BIM 技术，可以将事后协调转变为事先协调。例如：在工程设计阶段，设计方可应用 BIM 技术协调解决施工过程中建筑物内设施的碰撞问题；在工程施工阶段，施工方可以通过模拟施工，事先发现施工过程中存在的问题；等等。

（三）模拟性

利用 BIM 技术，建筑师可以在设计过程中赋予所创建的虚拟建筑模型大量建筑信息（几何信息、材料性能、构件属性等）。只要将 BIM 模型导入相关性能分析软件，就可得到相应分析结果，使得原本在 CAD 时代需要专业人士花费大量时间输入大量专业数据的工作，如今可轻松自动完成，从而大大缩短了工作周期，提高了设计质量。例如，当建筑工程管理中常用来表示进度计划的甘特图，专业性强，但可视化程度低，无法清晰地描述施工进度以及各种复杂关系（尤其是动态变化过程）时，可进行施工进度模拟，将 BIM 与施工进度计划相连接，即把空间信息与时间信息整合在一个可视的 4D 模型中。这有助于直观、准确地反映整个施工过程，进而可缩短工期、降低成本，提高质量。

（四）优化性

BIM 模型可提供建筑物实际存在的信息，包括几何信息、物理信息、规则信息等，并能在建筑物变化后自动修改和调整这些信息。现代建筑物越来越复杂，在优化过程中需处理的信息较多，BIM 技术与其配套的各种优化工具为复杂工程项目进行优化提供了可能。

目前，基于 BIM 技术，人们可完成以下项目的优化：

第一，设计方案优化。将工程设计与投资回报分析结合起来，可以实时计算设计变化对投资回报的影响。这样，建设单位可以知道哪种设计方案更适合自身需求。

第二，特殊项目的设计优化。有些工程部位往往存在不规则设计，如裙房、幕墙、屋顶等处。这些工程部位通常也是施工难度较大、产生施工问题比较多的地方，借助 BIM 技术对这些部位的设计和施工方案进行优化，可以缩短施工工期，降低工程造价。

（五）可出图性

应用 BIM 技术对建筑物进行可视化展示、协调、模拟、优化后，还可输出有关图纸或报告，如综合管线图、综合结构留洞图等。

四、BIM 的价值

作为基建大国，我国许多建筑工程具有投资多、施工周期较长、参与人员多、施工环境复杂多变等特征。为保障建筑工程的建设质量，人们需要不断提高建筑工程管理水平，而这离不开 BIM。BIM 的价值主要表现为以下几点：

（一）有助于各专业深化设计

深化设计是指在业主或设计顾问提供的条件图或原理图的基础上，结合施工现场实际情况，对图纸进行细化、补充和完善。深化设计是为了让设计师的设计理念、设计意图在施工过程中得到充分体现；是为了在满足甲方需求的前提下，使施工图更加符合现场实际情况，是施工单位的施工理念在设计阶段的延伸；是为了更好地为甲方服务，满足现场不断变化的需求；是为了在满足功能的前提下降低成本，为企业创造更多利润。传统的二维 CAD 工具，仍然停留在平面重复翻图的层面，深化设计人员的工作负担大、精度低，且效率低下。利用 BIM 技术可以大幅提升深化设计的准确性，并且可以三维图直观反映深化设计的美观程度，实现 3D 漫游与可视化设计。

深化设计是建筑工程的难点之一。例如，机电安装专业的管线综合排布一直是困扰施工企业深化设计单位的一个难题,许多大型建筑工程项目,由于空间布局复杂、系统繁多,对设备管线的布置要求高,设备管线之间或管线与结构构件之间容易发生碰撞,给施工造成困难,增加项目成本,甚至造成二次施工。利用BIM,深化设计人员可将建筑、结构、机电等专业模型整合,再根据各专业要求及净高要求将综合模型导入相关软件进行碰撞检查,根据碰撞报告结果对管线进行调整、避让,对设备和管线进行综合布置,从而在实际工程开始前发现问题。

(二)有助于分专业协作

各专业分包之间的组织协调是建筑工程顺利施工的关键,是加快施工进度的保障,其重要性毋庸置疑。以往,暖通、给排水、消防、强弱电等各专业由于受施工现场、专业协调、技术等因素的影响,缺乏协调配合。在建筑工程管理中运用BIM技术,引导各专业人员进行多专业碰撞检查、净高控制检查和精确预留预埋等,提前对施工过程进行模拟,根据问题进行事先协调等,有助于减少沟通失误等造成的协调问题,推动分专业协作,从而降低施工成本。

(三)有助于施工现场的优化布置

如今,许多建筑工程项目面临周边环境复杂、施工场地狭小、周边建筑物距离近、绿色施工和安全文明施工要求高等问题,且现场平面布置不断变化,这给合理布置施工现场带来了困难。相关人员可建立现场BIM模型,把应用工程现场设备等族资源纳入模型之中,将BIM模型与环境关联,建立三维的现场平面布置,并通过参照工程进度计划,形象直观地模拟各个阶段的现场情况,灵活地进行现场平面布置,实现现场平面合理高效的布置。

（四）有助于施工进度优化

施工进度计划方案的选择在建筑工程管理中占有重要地位，而进度优化是进度控制的关键。借助 BIM 技术，可实现进度计划与工程构件的动态链接，并通过网络图、三维动画等形式直观表现进度计划和施工过程，方便工程项目的施工方、监理方与业主等不同参与方直观地了解工程项目情况。借助 BIM 技术，施工方可对施工进度进行精确控制，并通过计划进度与实际进度进行比较，及时分析偏差对工期的影响程度以及产生的原因，从而采取有效措施。

（五）有助于现场质量管理

现场质量管理以生产现场为对象，以对生产现场影响产品质量的有关因素和行为的控制及管理为核心，通过有效过程识别，明确流程，建立质量预防体系，建立质控点，制定严格的现场监督、检验和评价制度以及质量改进制度等，使整个生产过程中的工序的质量处在严格的控制状态，从而确保生产现场能够稳定地生产出合格产品和优质产品。现场质量管理实施涉及人、机、料、法、环、测，是一项系统工程，人、机、料、法、环、测要达到预定的标准，过程才会稳定受控，产品一致性才会好。利用 BIM 技术，可将质量信息融入 BIM 模型，通过模型浏览，让质量问题能在各个层面上实现高效流转，从而推动现场质量管理工作的高效开展。

五、常见的 BIM 软件

BIM 应用离不开软（硬）件的支持，在项目的不同阶段或不同目标单位，需要选择不同软件并予以必要的硬件和设施设备配置。BIM 工具有软件、硬件和系统平台三种类别。硬件工具包括计算机、三维扫描仪、3D 打印机、全站仪机器人、手持设备、网络设施等。系统平台是指由 BIM 软（硬）件支持的模型集成、技术应用和信息管理的平台体系。下面着重介绍一下 BIM 软件：

BIM 软件的数量十分庞大，BIM 系统并不能靠一个软件实现，或靠一类软件实现，而是需要不同类型的软件，而且每类软件也有许多不同的产品。

BIM 软件分为核心建模软件和用模软件，如图 1-1 所示，图中央为核心建模软件，围绕其周围的均为用模软件。下面主要介绍一下 BIM 核心建模软件：

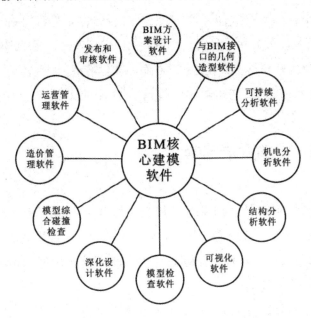

图 1-1　BIM 软件分类

目前，常用的 BIM 核心建模软件主要有 Revit、Bentley 等。

（一）Revit 系列软件

欧特克公司的 Revit 系列软件是目前国内市场上的主流 BIM 软件，具有强大的族功能。欧特克公司是世界领先的设计软件和数字内容创建公司，始建于1982 年。

Revit 系列软件是专为构建建筑信息模型而开发的，可帮助建筑设计师设计、建造和维护质量更好、能效更高的建筑。Revit 系列软件主要用于进行概念

设计、结构设计、系统设备设计及工程出图，覆盖了项目从规划、概念设计、细节设计、分析到出图等阶段

（二）Bentley 系列软件

Bentley 系列软件是 Bentley 软件公司为满足不同专业人士的需求量身打造的针对基础设施资产全生命周期的解决方案。从产品本身看，Bentley 系列软件的专业化程度高，数据和平台统一性强，入门门槛较高，属于高壁垒型产品。Bentley 系列软件有三维参数化建模、曲面和实体造型、管线建模、设施规划等功能模块，还包括 3D 协调和 4D 规划功能，以方便项目团队之间的协同管理。

六、BIM 的发展趋势

目前，BIM 的发展仍处于初级阶段，虽然 BIM 在施工企业的应用得到了一定程度普及，在工程量计算、协同管理、深化设计、虚拟建造、资源计划、工程档案与信息集成等方面有所发展，但还未得到充分挖掘。BIM 的发展趋势主要表现为以下几点：

（一）BIM＋项目管理

精细化、信息化和协同化是建筑工程项目管理的发展趋势。以 BIM 为枢纽的中央数据库可有效满足项目各方对信息的需求，有助于实现项目管理的精细化。BIM 与项目管理系统深度融合，可为项目管理的各项业务提供准确的基础数据、技术分析手段等，实现数据生产与使用、流程审批、动态统计、决策分析的管理闭环，有效解决项目管理中的生产协同、数据协同等难题，大幅提高工作效率和决策水平。

（二）BIM＋设施管理

从广义上讲，设施管理还包括运维管理、物业管理和资产管理等。持续的信息流是高效管理的前提。基于 BIM 模型进行项目交付为设施管理提供了持续的信息流，便于高效地管理设施。二者的深度融合有助于实现实时定位建筑资源、改造计划及可行性分析、能源分析与控制等。

（三）BIM＋云平台

云平台借助云计算技术和其他相关技术，实现服务端和终端的互动应用。如何进行项目协同、数据共享和三维模型快速处理是 BIM 技术需解决的重要问题。利用云平台可将 BIM 应用中大量计算工作转移到云端，以提升计算效率；基于云平台的大规模数据存储能力，人们可将 BIM 及其相关的业务数据同步到云端，方便用户随时随地访问并与协作者共享。

（四）BIM＋地理信息系统

地理信息系统（geographic information system, GIS）的主要功能是收集、存储、分析、管理和呈现与位置有关的数据。借助 GIS 的功能，人们可解决区域性、大规模工程的 BIM 应用问题，可实现宏观、中观和微观相结合的多层次管理。在城市规划、城市交通分析、城市微环境分析、市政管网管理、住宅小区规划、数字防灾、既有建筑改造等诸多领域均可应用 BIM＋地理信息系统，构建重要的城市基础数据库。

（五）BIM 与物联网、智能仪器集成

BIM 技术具有上层信息集成、交互、展示和管理的作用，物联网技术具有底层信息感知、采集、传递和监控的功能，二者集成有助于实现虚拟信息化管理与环境硬件之间的融合，将在工程项目建造和运维阶段产生极大的价值，也是行业大数据形成的重要基础。例如：物联网与 BIM 集成，在施工阶段，有助

11

于实现施工质量、安全、物料的动态监管，提高施工管理水平；在运维阶段，有助于实现建筑设施管理，提高设施利用效率。

BIM 与智能仪器集成是通过对软件、硬件进行整合，将 BIM 代入工程项目现场，利用其中的数据信息驱动智能仪器工作。例如，借助 BIM 技术，相关人员可利用模型中的三维空间坐标数据驱动智能型全站仪进行测量，实现自动精确放样，为深化设计和施工质量检查提供依据。

第二节　建筑工程管理概述

建筑工程内涵丰富、专业覆盖面广，是国家的基础产业和支柱产业，对人类的生存、国民经济的发展、社会文明的进步起着举足轻重的作用。

纵观建筑工程的发展史，对建筑工程的发展起关键作用的，首先是作为建筑工程物质基础的建筑材料，其次是随之发展起来的设计理论和施工技术。每当出现新的优良建筑材料时，建筑工程就会有所发展。此外，建筑工程管理的发展对建筑工程的发展也有重要影响。

建筑工程管理是指在一定约束条件下，以建筑工程为对象，以最大化地实现建筑工程目标为目的，以建筑工程经理负责制为基础，以建筑工程承包合同为纽带，对建筑工程进行系统、高效的计划、组织、协调、控制和监督等管理活动。

一、建筑工程管理的内容

在建筑工程施工过程中，为了实现各阶段目标和最终目标，要加强管理。建筑工程管理的内容主要包括建立项目管理组织、目标管理、资源管理、合同管理、采购管理、风险管理、沟通管理、安全管理和收尾管理等。

（一）建立项目管理组织

（1）由企业采用适当的方式选聘称职的施工项目经理。

（2）企业根据施工项目组织原则选用适当的组织形式，组建施工项目管理机构，明确其责任、权限和义务。

（3）在遵守企业规章制度的前提下，施工项目管理机构根据施工项目管理的需要制定施工项目管理制度。

（二）建筑工程的目标管理

建筑工程的目标有阶段性目标和最终目标，实现各项目标对于建筑工程来说具有重要意义。具体来说，建筑工程的目标主要包括进度目标、质量目标和成本目标等。为了有效地进行目标管理，项目管理组织应当坚持以科学理论为指导，正确认识和处理各个目标之间的关系。

（三）建筑工程的资源管理

建筑工程的资源是项目目标得以实现的保证，主要包括人力、材料、设备、资金和技术等。建筑工程资源管理是对工程所需人力、材料、设备、技术和资金所进行的计划、组织、指挥、协调和控制等活动。

建筑工程资源管理包括以下内容：

（1）分析各项资源的特点。

（2）按照一定原则方法对项目资源进行优化配置并对配置状况进行评价。

（3）对建筑工程的各项资源进行动态管理。

（四）建筑工程的合同管理

《中华人民共和国民法典》第七百八十八条规定："建设工程合同是承包人进行工程建设，发包人支付价款的合同。建设工程合同包括工程勘察、设计、施工合同。"建筑工程的合同管理在建筑工程管理中具有重要地位，直接关系到建筑工程能否顺利完成。建筑工程的合同管理是对合同的编制、签订、实施、变更、索赔和终止等的管理活动。项目管理组织要从招投标开始，注重建筑工程合同的编制、签订、履行等。

（五）建筑工程的采购管理

在建筑工程施工过程中，施工方需要采购大量的材料、设备等。建筑工程的采购管理是对工程的采购工作进行的计划、组织、指挥、协调和控制等活动。施工方应设置采购部门，制定采购管理制度、采购计划等。建筑工程项目采购工作的开展应符合有关合同、设计文件所规定的数量、技术要求和质量标准，并符合安全管理、成本管理等的要求。在采购过程中，相关部门应按规定对产品或服务进行检验，对不合格的产品或服务应按规定处置。采购资料应真实、有效、完整，具有可追溯性。

（六）建筑工程的风险管理

建筑工程施工不可避免地会受到各种不确定因素的干扰，施工方需要面对各种风险。建筑工程的风险管理是对工程的风险所进行的识别、评估、响应和控制等活动。项目管理组织应建立风险管理体系，明确各层次管理人员的风险管理责任，减少项目实施过程中的不确定因素对项目的影响。

（七）建筑工程的沟通管理

所谓沟通，是人与人之间交换思想和信息的过程。沟通管理是建筑工程管理的核心内容。建筑工程的沟通管理是对工程内外部关系的协调及信息交流所进行的策划、组织和控制等活动。建筑工程沟通管理的内容包括人际关系、组织关系、配合关系、供求关系及约束关系等的沟通协调，这些关系多发生在施工项目管理组织内部、施工项目管理组织与其外部相关单位之间。

（八）建筑工程的安全管理

建筑工程安全管理关键在于安全思想的建立、安全保证体系的建立、安全教育的加强、安全措施的设计，以及对人的不安全行为和物的不安全状态的控制。在建筑工程安全管理工作中，施工方应着重做好班前交底工作，定期检查，建立安全生产领导小组，把不安全的事和物控制在萌芽状态。

（九）建筑工程的收尾管理

建筑工程的收尾管理是对项目的试运行、竣工验收、竣工结算、竣工决算、考核评价、回访保修等进行的计划、组织、协调和控制等活动。建筑工程项目收尾阶段应是项目管理全过程的最后阶段。在实施建筑工程的收尾管理时，项目管理组织应制定相关工作计划，提出各项管理要求。

建筑工程质量的优劣会对人民群众的生命安全有直接影响。在建筑工程施工过程中，施工方要加强工程管理，确保工程质量。

二、我国建筑工程管理的现状

建筑工程管理是建筑施工企业健康发展的基础，只有切实做好建筑工程管理工作，才能保证建筑工程效益的可持续增长。建筑工程管理应坚持"安全第一、质量第一"的原则，以合同管理作为规范化管理的手段，以成本管理作为管理的起点，以经济以及社会利益作为管理的最终目标，全面提高建筑项目的施工水平。如今，建筑工程管理已经得到了广泛的重视，但仍存在一些问题。

（一）建筑工程管理意识淡薄

如今，我国需要建设大量基础设施工程，以满足多个层面的发展需求，而在我国经济发展领域，建筑行业属于重要的支柱产业之一。在这一背景下，建筑行业需要积极利用建筑工程管理，促进建筑工程良性发展。但目前，依然有个别施工企业，在实际的施工过程中，不重视建筑工程管理，难以保证各个建筑施工环节的顺利推进；一些工程项目业主觉得没有必要投入过多的精力与成本开展工程管理工作，这使很多建筑企业难以落实建筑工程管理的相应措施。

（二）管理制度不够完善

在建筑工程管理过程中，管理制度具有重要的指导作用。而目前一些工程项目在实施期间，缺乏完善的管理制度，导致应有的工程管理措施难以顺利实施。虽然我国目前已经针对建筑工程管理工作制定了很多相关规范和条例，但是在实践过程中，由于不同工程项目具有不同特点，因此难以对所有工程管理工作实现全覆盖。

（三）施工管理不够科学

施工管理是建筑工程管理的重点环节，但在实际的施工管理期间，一些项目管理组织的管理制度不够科学，管理方式比较滞后，导致整体管理质量不高。部分施工企业在参建工程项目期间，临时招用施工人员，这些人员往往缺乏专业的知识和技术，不按照标准规范施工，基本都是依靠自身经验施工，而施工现场的管理人员有限，难以进行科学、全面监管，也无法全面保障工程建设质量。

（四）施工安全问题关注度不足

虽然目前很多施工企业已经非常关注施工安全问题，并积极制定了系统化的安全管理规章制度。然而，这些规章制度并不能充分落实在各个施工环节中；企业管理层也不够重视安全管理规章制度的落实，对安全管理工作缺乏必要考核；再加上工程施工人员大多文化程度不高，缺乏安全意识，法律意识也较为淡薄，导致工程施工中存在诸多安全隐患。

（五）资源浪费问题严重

在建筑工程管理中，成本管理是重要的管理内容，而很多施工企业在实际施工当中，存在浪费资源问题，导致建设成本增加。此外，各部门在施工之前，缺乏有效的交流和沟通，难以统一步伐推进企业战略目标的实现，不能最大限度地发挥有限资源的价值，造成资源浪费。

三、完善建筑工程管理的措施

（一）创新管理理念

施工单位要引进先进的管理理念，并结合我国建筑行业发展的实际情况，创新管理理念。在创新管理理念的过程中，建筑工程项目管理组织要充分考虑影响建筑工程管理的各种因素，创建一套适合我国建筑工程管理的新理念，从整体上提高管理水平。

（二）加强对施工过程的管理

为有效应对建筑工程管理中的问题，可从以下几个方面加强对施工过程的管理：

1.有效控制建筑工程质量要点，落实质量管理

质量管理不到位是当下建筑工程管理的重要症结所在，同时也会对建筑行业的健康、持续、稳定发展起到较大的制约作用。基于此，落实质量管理，有效控制建筑工程质量是尤为重要的。

在实际的建筑工程施工过程中，主管工程师必须严格细化质量管理。例如，对于酒店大堂大跨度后张法预应力梁施工，主管工程师必须进行大跨度高支撑脚手架专业论证、预应力波纹管预埋定位论证以及后张法预应力钢筋穿管张拉及灌浆论证。

总而言之，全面落实质量管理，能够为建筑工程管理工作的高质量开展奠定基础，从而推进建筑行业高效、高质量发展。

2.严格控制材料、配件和设备的成本

建筑工程管理人员需要不断强化自身的成本控制意识，结合工程实际，优化材料、配件以及设备的采购流程，在保证所采购的产品满足实际施工要求的基础上，对材料、配件和设备的成本予以严格控制。具体而言，就是在采购相应材料、配件和设备时，采购人员需要充分履行自身的职责，做好对生产厂家的调查工作，深入调查其是否具备相应的资质、能力等，并加大对材料、配件和设备的检测力度，严格细化相应的检测流程，避免质量不达标的产品进入施工现场而影响到后续的工程质量。在此基础上，采购人员需要谨慎选择供货厂家，多选择那些社会信誉较强、业内资质较高的生产厂家，积极与其合作，从而简化采购流程，降低建筑工程的经济成本。

综上分析，建筑管理人员应在保证建筑材料、配件和设备满足施工要求的基础上，对建筑材料、配件和设备的价格予以严格控制，提高建筑工程管理质量，从而推进建筑工程进一步发展。

3.采取科学的管理方法，完善管理体系

在开展实际管理工作的过程中，管理人员应该运用科学的管理方法，对用人成本、时间成本等进行充分考量，然后开展有针对性的管理，拒绝一概而论。此外，每个管理人员都要明确自己的工作职责，认真、及时了解每一个环节出

现的问题和需要改进的地方，并及时与施工单位进行对接。在开展建筑工程管理工作的过程中，管理人员要加强对相关工作的管理，及时上报管理工作中出现的违法行为。

建筑工程管理人员应积极完善管理体系，提升建筑工程的施工效率，保证建筑工程的施工质量。为此，建筑企业应该投入大量的人力和物力，加强对管理人员的培训，提高其专业技能水平和安全意识，以便更好地提高管理质量，确保施工项目的顺利完成。

（三）政府部门加大监督管理力度

在建筑工程管理过程中，许多专业管理机构，如政府相关部门、工程监理机构等都发挥着各自的作用。在实际施工过程中，政府相关部门要切实发挥监督管理职能，以充分保证施工质量得到提高，确保施工工作有序开展。在具体操作过程中，政府部门还应结合实际情况，不断完善各项政策法规，为建筑工程管理提供相应支持。

第二章 基于 BIM 的
建筑工程质量管理

第一节 建筑工程质量管理概述

一、建筑工程质量管理的相关内容

（一）质量

《质量管理体系 基础和术语》（GB/T 19000—2016/ISO 9000：2015）对质量的定义如下：

一个关注质量的组织倡导一种通过满足顾客和其他有关相关方的需求和期望来实现其价值的文化，这种文化反映在其行为、态度、活动和过程中。

组织的产品和服务质量取决于满足顾客的能力，以及对有关相关方的有意和无意的影响。

产品和服务的质量不仅包括其预期的功能和性能，而且还涉及顾客对其价值和受益的感知。

上述定义可以从以下几个方面理解：

第一，质量不仅指产品质量，也可以指某项活动或过程的工作质量，还可以指质量管理体系运行的质量。质量是由一组固有特性组成的，这些固有特性是指满足顾客和其他相关方的要求特性，并由其满足要求的程度加以表征。

第二，特性是指区分的特征。特性可以是固有的或赋予的，也可以是定性的或定量的。特性有各种类型，如物理的特性（如机械的、电的、化学的或生物的特性）、感官的特性（如嗅觉、触觉、味觉、视觉、听觉的特性）、行为的特性（如礼貌、诚实、正直）、人因工效的特性（如生理的特性或有关人身安全的特性）、功能的特性（如飞机的最高速度）等。质量特性是固有的特性，是通过产品、过程或体系的开发及实现过程形成的属性。固有的意思是指本来就有的，尤其是指永久的特性。赋予的特性（如某一产品的价格）并非产品、过程或体系的固有特性，也不是它们的质量特性。

第三，满足要求就是应满足明示的（如合同、规范、图纸中明确规定的）、通常隐含的（如组织的惯例、一般习惯）或必须履行的（如法律、法规、行业规则）的需要和期望。与要求相比较，满足要求的程度能够更好地反映质量的好坏。对质量的要求除考虑满足顾客的需要外，还应考虑其他相关方即组织自身、原材料及零部件等的提供方和社会等多方的利益需求，如应考虑安全性、环境保护等外部的强制要求。只有全面满足这些要求，才能评定为好的质量或优的质量。

第四，顾客和其他相关方对产品、过程或体系的质量要求是动态的、发展的和相对的，是随着时间、地点、环境的变化而变化的。例如，随着技术的发展、生活水平的提高，人们对产品、过程或体系会提出新的质量要求。因此，应定期评定质量要求、修订规范标准，不断开发新产品、改进老产品，以满足已变化的质量要求。另外，不同国家、不同地区会因自然环境条件、技术发达程度、消费水平和民俗习惯等的不同而对产品提出不同的要求，因此产品应具有环境适应性。相关人员应为不同地区提供不同性能的产品，以满足该地区用户明示或隐含的要求。

（二）建筑工程质量的定义

建筑工程质量是指在国家现行的有关法律、法规、技术标准、设计文件和合同等中，对工程的安全、适用、经济、环保、美观等特性的综合要求。

评估建筑工程质量的指标，主要有以下几个方面：

1.适用性

适用性即功能，是指工程满足使用目的的各种性能。

（1）理化性能

理化性能包括保温、隔热、隔音等物理性能和耐酸、耐腐蚀、防火、防风化、防尘等化学性能。

（2）结构性能

结构性能包括地基基础牢固程度以及结构的强度、刚度和稳定性等。

（3）使用性能

使用性能指民用住宅工程要能满足居住需求，工业厂房要能满足生产活动需要，道路、桥梁、航道等要能满足出行需求等。建筑工程的组成部件、配件等也要能满足其使用功能。

（4）外观性能

外观性能指建筑物的造型、布置、室内装饰效果等应美观大方。

2.耐久性

耐久性是指工程在规定的条件下，满足规定功能要求使用的年限，也就是工程竣工后的合理使用寿命周期。由于不同建筑物的结构类型、质量要求、施工方法、使用性能等不同，目前国家对建筑工程的合理使用年限仅在一些技术标准中提出了明确要求。例如：根据《民用建筑设计统一标准》（GB 50352—2019）可知，民用建筑中临时性建筑的设计使用年限为 5 年，易于替换结构构件的建筑的设计使用年限为 25 年，普通建筑和构筑物的设计使用年限为 50 年，纪念性建筑和特别重要的建筑的设计使用年限为 100 年；根据《公路工程技术标准》（JTG B01—2014）可知，高速公路和一级公路设计交通量预测年限为

20 年，二、三级公路设计交通量预测年限为 15 年，四级公路可根据实际情况确定。

3.安全性

安全性是指在工程建成后的使用过程中保证结构安全、保证人身和环境免受危害的程度。建筑工程产品的结构安全度、抗震、耐火及防火能力等，能否达到特定的要求，是安全性的重要标志。工程在交付使用之后，必须保证人身财产安全。工程整体应能免遭工程结构破坏及外来危害的伤害；工程组成部件，如阳台栏杆、楼梯扶手、电梯等，也要保证使用者的安全。

4.可靠性

可靠性是指工程在规定的时间和条件下完成规定功能的能力。工程不仅要在交工验收时达到规定的指标，而且要在一定的使用时期内保持应有功能的正常运转。如工程的防洪与抗震能力、防水隔热与恒温恒湿措施，工业生产用的管道防"跑、冒、滴、漏"等，都属于可靠性的质量范畴。

5.经济性

经济性是指工程在勘察、设计、施工等阶段的成本。工程经济性具体表现为设计成本、施工成本、使用成本三者之和，包括征地、拆迁、勘察、设计、采购（材料、设备）、施工等建设全过程的总投资和工程使用阶段的能耗、维护、保养乃至改建更新的费用。相关人员可通过分析比较，判断工程是否符合经济性要求。

6.与环境的协调性

与环境的协调性是指工程与其周围生态环境协调，与所在地区经济环境协调以及与周围已建工程协调，以适应可持续发展的要求。

上述六个方面的质量特性之间是相互依存的，总体而言，适用、耐久、安全、可靠、经济、与环境协调，都是建筑工程必须达到的基本要求，缺一不可。但是对于不同门类、不同专业的工程，如工业建筑、民用建筑等，可根据其所处的特定地域环境条件、技术经济条件的差异，有所侧重。

（三）建筑工程质量管理的定义

质量管理是指在质量方面指挥和控制组织的协调活动。质量管理的首要任务是确定质量方针、目标和职责，核心是建立有效的质量管理体系，通过四项具体活动，即质量策划、质量控制、质量保证和质量改进，确保质量方针、目标的实施和实现。

建筑工程质量管理就是在工程的全生命周期内，对工程质量进行的管理。

广义的建筑工程质量管理，泛指建设全过程的质量管理。建筑工程质量管理的范围贯穿工程建设的决策、勘察、设计、施工的全过程。

狭义的建筑工程质量管理，指的是工程施工阶段的管理。

建筑工程质量管理，应以正确的设计文件为依据，建立一整套质量管理体系，对影响工程质量的各种因素进行综合治理，从而建成符合标准、用户满意的工程项目。

二、建筑工程质量管理的重要性

《中华人民共和国建筑法》第一条规定："为了加强对建筑活动的监督管理，维护建筑市场秩序，保证建筑工程的质量和安全，促进建筑业健康发展，制定本法。"第三条规定："建筑活动应当确保建筑工程质量和安全，符合国家的建筑工程安全标准。"由此可见，建筑工程质量与安全问题在建筑活动中占有极其重要的地位。建筑工程项目的质量是项目建设的核心，是决定工程项目建设成败的关键。它对提高建筑工程项目的经济效益、社会效益和环境效益具有重要的意义。它直接关系到国家财产和人民生命安全，也关系到社会主义建设事业的发展。

要确保和提高建筑工程质量，必须加强质量管理工作。如今，质量管理工作已经越来越被人们所重视，大部分企业管理者均认识到高质量的产品和服务是市场竞争的有效手段，是争取用户、占领市场和发展企业的根本保证。

建筑工程项目质量好，才能在预定时间内发挥作用，为社会主义经济建设做出贡献。建筑工程项目如果质量差，则往往难以发挥应有的效用，甚至还会因质量、安全等问题影响社会环境安全。因此，相关机构和个人要从发展战略的高度来认识建筑工程质量问题。建筑工程质量水平关系到企业的命运、行业的兴衰，还关系到国家的命运、民族的未来。

建筑工程项目质量的优劣，不仅关系到工程的适用性，而且关系到人民群众的生命财产安全和社会安定。所以，在建筑工程建设过程中，加强质量管理，确保国家和人民生命财产安全是建筑工程管理的头等大事。

总之，加强建筑工程质量管理是市场竞争的需要，是实现现代化生产的需要，是提高施工企业经济效益的有效途径，是实现科学管理和文明施工的有力保证。国务院发布的《建设工程质量管理条例》是指导我国建设工程质量管理（含施工项目）的重要法规，也是质量管理工作的重要依据。

三、建筑工程质量责任体系

《建设工程质量管理条例》第三条规定："建设单位、勘察单位、设计单位、施工单位、工程监理单位依法对建设工程质量负责。"为此，各单位应根据合同、协议及有关文件的规定承担相应的质量责任。该条例所称建设工程，是指土木工程、建筑工程、线路管道和设备安装工程及装修工程。因此，该条例所规定的制度适用于建筑工程。

（一）建设单位的质量责任和义务

《建设工程质量管理条例》第二章详细规定了建设单位的质量责任和义务。

第七条规定："建设单位应当将工程发包给具有相应资质等级的单位。建设单位不得将建设工程肢解发包。"

第八条规定："建设单位应当依法对工程建设项目的勘察、设计、施工、监理以及与工程建设有关的重要设备、材料等的采购进行招标。"

第九条规定："建设单位必须向有关的勘察、设计、施工、工程监理等单位提供与建设工程有关的原始资料。原始资料必须真实、准确、齐全。"

第十条规定："建设工程发包单位，不得迫使承包方以低于成本的价格竞标，不得任意压缩合理工期。建设单位不得明示或者暗示设计单位或者施工单位违反工程建设强制性标准，降低建设工程质量。"

第十一条规定："施工图设计文件审查的具体办法，由国务院建设行政主管部门、国务院其他有关部门制定。施工图设计文件未经审查批准的，不得使用。"

第十二条规定："实行监理的建设工程，建设单位应当委托具有相应资质等级的工程监理单位进行监理，也可以委托具有工程监理相应资质等级并与被监理工程的施工承包单位没有隶属关系或者其他利害关系的该工程的设计单位进行监理。下列建设工程必须实行监理：（一）国家重点建设工程；（二）大中型公用事业工程；（三）成片开发建设的住宅小区工程；（四）利用外国政府或者国际组织贷款、援助资金的工程；（五）国家规定必须实行监理的其他工程。"

第十三条规定："建设单位在开工前，应当按照国家有关规定办理工程质量监督手续，工程质量监督手续可以与施工许可证或者开工报告合并办理。"

第十四条规定："按照合同约定，由建设单位采购建筑材料、建筑构配件和设备的，建设单位应当保证建筑材料、建筑构配件和设备符合设计文件和合同要求。建设单位不得明示或者暗示施工单位使用不合格的建筑材料、建筑构配件和设备。"

第十五条规定："涉及建筑主体和承重结构变动的装修工程，建设单位应当在施工前委托原设计单位或者具有相应资质等级的设计单位提出设计方案；没有设计方案的，不得施工。房屋建筑使用者在装修过程中，不得擅自变动房屋建筑主体和承重结构。"

第十六条规定："建设单位收到建设工程竣工报告后，应当组织设计、施工、工程监理等有关单位进行竣工验收。建设工程竣工验收应当具备下列条件：（一）完成建设工程设计和合同约定的各项内容；（二）有完整的技术档案和施工管理资料；（三）有工程使用的主要建筑材料、建筑构配件和设备的进场试验报告；（四）有勘察、设计、施工、工程监理等单位分别签署的质量合格文件；（五）有施工单位签署的工程保修书。建设工程经验收合格的，方可交付使用。"

第十七条规定："建设单位应当严格按照国家有关档案管理的规定，及时收集、整理建设项目各环节的文件资料，建立、健全建设项目档案，并在建设工程竣工验收后，及时向建设行政主管部门或者其他有关部门移交建设项目档案。"

（二）勘察、设计单位的质量责任和义务

《建设工程质量管理条例》第三章详细规定了勘察、设计单位的质量责任和义务。

第十八条规定："从事建设工程勘察、设计的单位应当依法取得相应等级的资质证书，并在其资质等级许可的范围内承揽工程。禁止勘察、设计单位超越其资质等级许可的范围或者以其他勘察、设计单位的名义承揽工程。禁止勘察、设计单位允许其他单位或者个人以本单位的名义承揽工程。勘察、设计单位不得转包或者违法分包所承揽的工程。"

第十九条规定："勘察、设计单位必须按照工程建设强制性标准进行勘察、设计，并对其勘察、设计的质量负责。注册建筑师、注册结构工程师等注册执业人员应当在设计文件上签字，对设计文件负责。"

第二十条规定："勘察单位提供的地质、测量、水文等勘察成果必须真实、准确。"

第二十一条规定："设计单位应当根据勘察成果文件进行建设工程设计。

设计文件应当符合国家规定的设计深度要求，注明工程合理使用年限。"

第二十二条规定："设计单位在设计文件中选用的建筑材料、建筑构配件和设备，应当注明规格、型号、性能等技术指标，其质量要求必须符合国家规定的标准。除有特殊要求的建筑材料、专用设备、工艺生产线等外，设计单位不得指定生产厂、供应商。"

第二十三条规定："设计单位应当就审查合格的施工图设计文件向施工单位作出详细说明。"

第二十四条规定："设计单位应当参与建设工程质量事故分析，并对因设计造成的质量事故，提出相应的技术处理方案。"

（三）施工单位的质量责任和义务

《建设工程质量管理条例》第四章详细规定了施工单位的质量责任和义务。

第二十五条规定："施工单位应当依法取得相应等级的资质证书，并在其资质等级许可的范围内承揽工程。禁止施工单位超越本单位资质等级许可的业务范围或者以其他施工单位的名义承揽工程。禁止施工单位允许其他单位或者个人以本单位的名义承揽工程。施工单位不得转包或者违法分包工程。"

第二十六条规定："施工单位对建设工程的施工质量负责。施工单位应当建立质量责任制，确定工程项目的项目经理、技术负责人和施工管理负责人。建设工程实行总承包的，总承包单位应当对全部建设工程质量负责；建设工程勘察、设计、施工、设备采购的一项或者多项实行总承包的，总承包单位应当对其承包的建设工程或者采购的设备的质量负责。"

第二十七条规定："总承包单位依法将建设工程分包给其他单位的，分包单位应当按照分包合同的约定对其分包工程的质量向总承包单位负责，总承包单位与分包单位对分包工程的质量承担连带责任。"

第二十八条规定："施工单位必须按照工程设计图纸和施工技术标准施工，不得擅自修改工程设计，不得偷工减料。施工单位在施工过程中发现设计文件和图纸有差错的，应当及时提出意见和建议。"

第二十九条规定："施工单位必须按照工程设计要求、施工技术标准和合同约定，对建筑材料、建筑构配件、设备和商品混凝土进行检验，检验应当有书面记录和专人签字；未经检验或者检验不合格的，不得使用。"

第三十条规定："施工单位必须建立、健全施工质量的检验制度，严格工序管理，作好隐蔽工程的质量检查和记录。隐蔽工程在隐蔽前，施工单位应当通知建设单位和建设工程质量监督机构。"

第三十一条规定："施工人员对涉及结构安全的试块、试件以及有关材料，应当在建设单位或者工程监理单位监督下现场取样，并送具有相应资质等级的质量检测单位进行检测。"

第三十二条规定："施工单位对施工中出现质量问题的建设工程或者竣工验收不合格的建设工程，应当负责返修。"

第三十三条规定："施工单位应当建立、健全教育培训制度，加强对职工的教育培训；未经教育培训或者考核不合格的人员，不得上岗作业。"

（四）工程监理单位的质量责任和义务

《建设工程质量管理条例》第五章详细规定了工程监理单位的质量责任和义务。

第三十四条规定："工程监理单位应当依法取得相应等级的资质证书，并在其资质等级许可的范围内承担工程监理业务。禁止工程监理单位超越本单位资质等级许可的范围或者以其他工程监理单位的名义承担工程监理业务。禁止工程监理单位允许其他单位或者个人以本单位的名义承担工程监理业务。工程监理单位不得转让工程监理业务。"

第三十五条规定："工程监理单位与被监理工程的施工承包单位以及建筑材料、建筑构配件和设备供应单位有隶属关系或者其他利害关系的，不得承担该项建设工程的监理业务。"

第三十六条规定："工程监理单位应当依照法律、法规以及有关技术标准、设计文件和建设工程承包合同，代表建设单位对施工质量实施监理，并对施工质量承担监理责任。"

第三十七条规定："工程监理单位应当选派具备相应资格的总监理工程师和监理工程师进驻施工现场。未经监理工程师签字，建筑材料、建筑构配件和设备不得在工程上使用或者安装，施工单位不得进行下一道工序的施工。未经总监理工程师签字，建设单位不拨付工程款，不进行竣工验收。"

第三十八条规定："监理工程师应当按照工程监理规范的要求，采取旁站、巡视和平行检验等形式，对建设工程实施监理。"

此外，建筑材料、建筑构配件和设备生产或供应单位对其生产或供应的产品质量负责。生产厂或供应商必须具备相应的生产条件、技术装备和质量管理体系，所生产或供应的建筑材料、建筑构配件和设备的质量应符合国家和行业现行的技术规范规定的合格标准和设计要求，并与说明书和包装上的质量标准相符。

四、建筑工程质量管理制度

（一）施工图设计文件审查制度

根据住房和城乡建设部发布的《房屋建筑和市政基础设施工程施工图设计文件审查管理办法》（2018 年修改）可知，我国实施施工图设计文件（含勘察文件）审查制度。

施工图设计文件审查是政府主管部门对工程勘察、设计质量进行监督管理的重要环节。施工图设计文件审查是指施工图审查机构（以下简称"审查机构"）按照有关法律、法规，对施工图涉及公共利益、公众安全和工程建设强制性标准的内容进行的审查。施工图审查应当坚持先勘察、后设计的原则。施工图未经审查合格的，不得使用。

1.施工图设计文件审查的范围

建筑工程设计等级分级标准中的各类新建、改建、扩建的建筑工程项目均属审查范围。省、自治区、直辖市人民政府建设行政主管部门可结合本地实际，确定具体的审查范围。

2.施工图设计文件审查的主要内容

（1）是否符合工程建设强制性标准。

（2）地基基础和主体结构的安全性。

（3）消防安全性。

（4）人防工程（不含人防指挥工程）防护安全性。

（5）是否符合民用建筑节能强制性标准，对执行绿色建筑标准的项目，还应当审查是否符合绿色建筑标准。

（6）勘察设计企业和注册执业人员以及相关人员是否按规定在施工图上加盖相应的图章和签字。

（7）法律、法规、规章规定必须审查的其他内容。

3.施工图设计文件审查有关各方的职责

国务院建设行政主管部门负责全国施工图设计文件审查管理工作。省、自治区、直辖市人民政府建设主管部门负责组织本行政区域的施工图设计文件审查工作的具体实施和监督管理工作。建设行政主管部门在施工图设计文件审查工作中主要负责制定审查程序、审查范围、审查内容、审查标准并颁布审查批准书；负责制定审查机构和审查人员条件，批准审查机构，认定审查人员；对审查机构和审查工作进行监督并对违规行为进行查处；对施工图设计文件设计审查负依法监督管理和行政责任。

勘察、设计单位必须按照工程建设强制性标准进行勘察、设计，并对勘察、设计质量负责。审查机构按照有关规定对勘察成果、施工图设计文件进行审查，但并不改变勘察、设计单位的质量责任。

审查机构接受建设行政主管部门的委托对施工图设计文件涉及的安全和

强制性标准执行情况进行技术审查。建设工程经施工图设计文件审查后因勘察设计原因发生工程质量问题的，审查机构承担审查失职的责任。

4.施工图设计文件审查程序

施工图设计文件审查的各个环节可按以下步骤进行：

（1）建设单位向建设行政主管部门报送施工图设计文件，并作书面登录。

（2）建设行政主管部门委托审查机构进行审查，同时发出委托审查通知书。

（3）审查机构完成审查，向建设行政主管部门提交技术性审查报告。

（4）审查结束，建设行政主管部门向建设单位发出施工图设计文件审查批准书。

（5）报审施工图设计文件和有关资料应存档备查。

5.施工图审查管理

审查机构应当在收到审查材料后 20 个工作日内完成审查工作，并提出审查报告；对于特级和一级项目，应当在 30 个工作日内完成审查工作，并提出审查报告，其中重大及技术复杂项目的审查时间可适当延长。对审查合格的项目，审查机构向建设行政主管部门提交项目施工图审查报告，由建设行政主管部门向建设单位通报审查结果，并颁发施工图审查批准书。对审查不合格的项目，审查机构在提出书面意见后，将施工图退回建设单位，施工图由原设计单位修改并由建设单位重新送审。

任何单位或者个人不得擅自修改审查合格的施工图设计文件。遇到特殊情况需要进行涉及审查主要内容的修改时，建设单位必须将修改后的施工图设计文件送原审查机构审查。

建设单位或者设计单位对审查机构作出的审查报告有重大分歧时，可由建设单位或者设计单位向所在省、自治区、直辖市人民政府建设行政主管部门提出复查申请，由省、自治区、直辖市人民政府建设行政主管部门组织专家论证并做出复查结果。

施工图设计文件审查工作所需经费，由施工图设计文件审查机构按有关收费标准向建设单位收取。在建筑工程竣工验收时，有关部门应按照审查批准的施工图设计文件进行验收。建设单位要对报送的审查材料的真实性负责；勘察、设计单位对提交的勘察报告、设计文件的真实性负责，并积极配合审查工作。

（二）工程质量监督管理制度

《建设工程质量管理条例》对工程质量监督管理作了详细规定。

第四十三条规定："国家实行建设工程质量监督管理制度。国务院建设行政主管部门对全国的建设工程质量实施统一监督管理。国务院铁路、交通、水利等有关部门按照国务院规定的职责分工，负责对全国的有关专业建设工程质量的监督管理。县级以上地方人民政府建设行政主管部门对本行政区域内的建设工程质量实施监督管理。县级以上地方人民政府交通、水利等有关部门在各自的职责范围内，负责对本行政区域内的专业建设工程质量的监督管理。"

第四十四条规定："国务院建设行政主管部门和国务院铁路、交通、水利等有关部门应当加强对有关建设工程质量的法律、法规和强制性标准执行情况的监督检查。"

第四十五条规定："国务院发展计划部门按照国务院规定的职责，组织稽察特派员，对国家出资的重大建设项目实施监督检查。国务院经济贸易主管部门按照国务院规定的职责，对国家重大技术改造项目实施监督检查。"

第四十六条规定："建设工程质量监督管理，可以由建设行政主管部门或者其他有关部门委托的建设工程质量监督机构具体实施。从事房屋建筑工程和市政基础设施工程质量监督的机构，必须按照国家有关规定经国务院建设行政主管部门或者省、自治区、直辖市人民政府建设行政主管部门考核；从事专业建设工程质量监督的机构，必须按照国家有关规定经国务院有关部门或者省、自治区、直辖市人民政府有关部门考核。经考核合格后，方可实施质量监督。"

第四十七条规定："县级以上地方人民政府建设行政主管部门和其他有关部门应当加强对有关建设工程质量的法律、法规和强制性标准执行情况的监督检查。"

第四十八条规定："县级以上人民政府建设行政主管部门和其他有关部门履行监督检查职责时，有权采取下列措施：（一）要求被检查的单位提供有关工程质量的文件和资料；（二）进入被检查单位的施工现场进行检查；（三）发现有影响工程质量的问题时，责令改正。"

第四十九条规定："建设单位应当自建设工程竣工验收合格之日起 15 日内，将建设工程竣工验收报告和规划、公安消防、环保等部门出具的认可文件或者准许使用文件报建设行政主管部门或者其他有关部门备案。建设行政主管部门或者其他有关部门发现建设单位在竣工验收过程中有违反国家有关建设工程质量管理规定行为的，责令停止使用，重新组织竣工验收。"

第五十条规定："有关单位和个人对县级以上人民政府建设行政主管部门和其他有关部门进行的监督检查应当支持与配合，不得拒绝或者阻碍建设工程质量监督检查人员依法执行职务。"

第五十一条规定："供水、供电、供气、公安消防等部门或者单位不得明示或者暗示建设单位、施工单位购买其指定的生产供应单位的建筑材料、建筑构配件和设备。"

第五十二条规定："建设工程发生质量事故，有关单位应当在 24 小时内向当地建设行政主管部门和其他有关部门报告。对重大质量事故，事故发生地的建设行政主管部门和其他有关部门应当按照事故类别和等级向当地人民政府和上级建设行政主管部门和其他有关部门报告。特别重大质量事故的调查程序按照国务院有关规定办理。"

第五十三条规定："任何单位和个人对建设工程的质量事故、质量缺陷都有权检举、控告、投诉。"

建设工程质量监督机构的任务主要有以下几点：

（1）根据政府主管部门的委托，受理建设工程项目的质量监督。

（2）制定质量监督工作方案。具体包括：确定负责该项工程的质量监督工程师和质量监督助理工程师；根据有关法律、法规和工程建设强制性标准，针对工程特点，明确监督的具体内容、监督方式；在方案中对地基基础、主体结构和其他涉及结构安全的重要部位和关键过程，作出实施监督的详细计划安排，并将质量监督工作方案通知建设、勘察、设计、施工、监理单位。

（3）检查施工现场工程建设各方主体的质量行为。具体包括：检查施工现场工程建设各方主体及有关人员的资质或资格；检查勘察、设计、施工、监理单位的质量管理体系和质量责任制落实情况；检查有关质量文件、技术资料是否齐全并符合规定。

（4）检查建设工程实体质量。具体包括：按照质量监督工作方案，对建设工程地基基础、主体结构和其他涉及安全的关键部位进行现场实地抽查；对用于工程的主要建筑材料、构配件的质量进行抽查；对地基基础分部、主体结构分部和其他涉及安全的分部工程的质量验收进行监督。

（5）监督工程质量验收。具体包括：监督建设单位组织的工程竣工验收的组织形式、验收程序以及在验收过程中提供的有关资料和形成的质量评定文件是否符合有关规定，实体质量是否存在严重缺陷，工程质量验收是否符合国家标准。

（6）向委托部门报送工程质量监督报告。报告的内容应包括地基基础和主体结构质量检查的结论，工程施工验收的程序、内容和质量检验评定是否符合有关规定，以及历次抽查该工程质量问题和处理情况等。

（7）对预制建筑构件和混凝土的质量进行监督。

（8）受委托部门委托按规定收取工程质量监督费。

（9）完成政府主管部门委托的工程质量监督管理的其他工作。

（三）工程质量检测制度

建筑工程质量检测制度是建筑工程质量管理制度的重要组成部分。建筑工程质量检测是指在新建、扩建、改建房屋建筑和市政基础设施工程活动中，建筑工程质量检测机构接受委托，依据国家有关法律、法规和标准，对建筑工程涉及结构安全、主要使用功能的检测项目，进入施工现场的建筑材料、建筑构配件、设备，以及工程实体质量等进行的检测。检测机构应当按照法律、法规和标准进行建筑工程质量检测，并出具检测报告。检测报告经检测人员、审核人员、检测机构法定代表人或者其授权的签字人等签署，并加盖检测专用章后方可生效。检测报告中应当包括检测项目代表数量（批次）、检测依据、检测场所地址、检测数据、检测结果、见证人员单位及姓名等相关信息。非建设单位委托的检测机构出具的检测报告不得作为工程质量验收资料。

检测机构在建设行政主管部门领导和标准化管理部门指导下开展检测工作，其出具的检测报告具有法律效力。法定的国家级检测机构出具的检测报告，在国内为最终裁定，在国外具有代表国家的性质。

1.国家级检测机构的主要任务

（1）受国务院建设行政主管部门委托，对指定的国家重点工程进行检测复核，提出检测复核报告和建议。

（2）受国家建设行政主管部门和国家标准部门委托，对建筑构件、制品及有关材料、设备及产品进行抽样检验。

2.各省级、市级、县级检测机构的主要任务

（1）对本地区正在施工的建筑工程所用的材料、混凝土、砂浆和建筑构件等进行随机抽样检测，向本地建筑工程质量主管部门和质量监督部门提出抽样报告和建议。

（2）受同级建设行政主管部门委托，对本省、市、县的建筑构件、制品进行抽样检测。

对违反技术标准、失去质量控制的产品，检测单位有权向主管部门提供停止其生产的证明，不合格产品不准出厂，已出厂的产品不得使用。

（四）建设工程质量保修制度

《建设工程质量管理条例》第六章对建设工程质量保修作了详细规定。

第三十九条规定："建设工程实行质量保修制度。建设工程承包单位在向建设单位提交工程竣工验收报告时，应向建设单位出具工程质量保修书，质量保修书中应明确建设工程保修范围、保修期限和保修责任等。"

第四十条规定："在正常使用条件下，建设工程的最低保修期限为：（一）基础设施工程、房屋建筑的地基基础工程和主体结构工程，为设计文件规定的该工程的合理使用年限；（二）屋面防水工程、有防水要求的卫生间、房间和外墙面的防渗漏，为 5 年；（三）供热与供冷系统，为 2 个采暖期、供冷期；（四）电气管线、给排水管道、设备安装和装修工程，为 2 年。其他项目的保修期限由发包方与承包方约定。建设工程的保修期，自竣工验收合格之日起计算。"

第四十一条规定："建设工程在保修范围和保修期限内发生质量问题，施工单位应当履行保修义务，并对造成的损失承担赔偿责任。"

第四十二条规定："建设工程在超过合理使用年限后需要继续使用的，产权所有人应当委托具有相应资质等级的勘察、设计单位鉴定，并根据鉴定结果采取加固、维修等措施，重新界定使用期。"

第二节　BIM 与建筑工程质量管理

当前，我国建筑业总产值增速放缓，建筑企业对实现质量效益型集约增长这一转变的需求更加迫切，BIM 的应用成为提高建筑工程质量管理效率及工程产品质量的必经之路。

基于 BIM 的建筑工程质量管理，以质量管理大数据分析成果为支撑，通过 BIM 的模型应用及信息管理，为全员参与全过程的质量管理提供协同工作平台，提升质量管理的可预测性及可控性，提高建筑工程产品质量。本节将以鲁班系列软件为例，对基于 BIM 的建筑工程质量管理进行分析。

一、基于 BIM 的建筑工程质量管理流程

建筑工程具有规模大、阶段性明显、多方参与、涉及专业多等特点，要想实现建筑工程精细化、全面质量管理异常困难。充分利用 BIM 软件，可以在辅助和优化全员参与的全过程质量管理工作流的同时，集成来自各阶段、各参与方的数据，实现信息的集成、存储、共享和应用，满足各参与方对数据的不同需求，保证质量管理工作的高效有序开展。

基于 BIM 的建筑工程质量管理流程如图 2-1 所示。该流程图结合大数据，整合了 BIM 在建筑工程质量管理过程中的工作流及信息流，可以为改善全面质量管理现状、指导 BIM 在建筑工程质量管理中的应用提供参考。

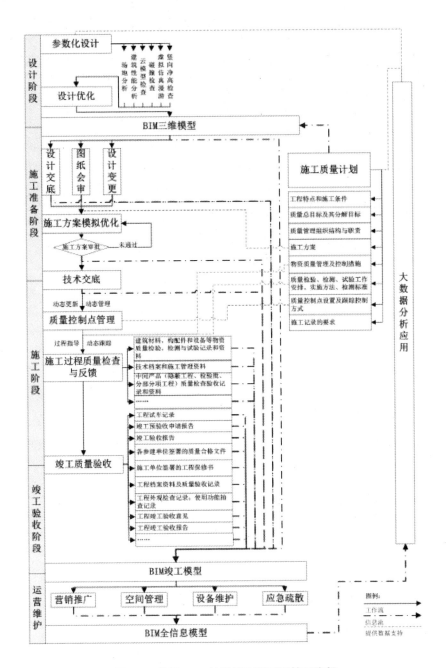

图 2-1 基于 BIM 的建筑工程质量管理流程

二、基于 BIM 的建筑工程质量信息管理

迈克尔·波特（Michael Porter）在价值链理论中指出：价值链是由相互联系的价值活动组成的，不但生产经营活动及其辅助活动可以创造价值，活动之间的联系也可以创造价值，价值活动之间联系的优化与协调一致可以提高整个价值链的总价值，从而提高企业的竞争优势。基于 BIM 的建筑工程质量信息管理旨在通过信息的集成、存储、共享、应用，实现质量管理各阶段、各组织、各专业之间的信息管理，来辅助和优化全面质量管理各活动之间的联系，从而提高建筑工程质量管理活动的总价值。

（一）基于 BIM 的质量信息集成

数据集成质量直接影响下游质量管理工作以及 BIM 价值的实现。分阶段、分布式的信息管理易造成信息断层、信息孤岛，也会切断信息间的联系，使信息出现大量冗余，无法保证信息的连续性和一致性，严重阻碍各参与方在质量管理活动中的信息共享及协同。因此，开展基于 BIM 建筑工程质量信息集成的重点，是实现三个层面的信息集成与管理：工程产品及质量管理业务信息、全生命周期信息、各管理组织信息。基于 BIM 的建筑工程信息集成管理模型如图 2-2 所示。

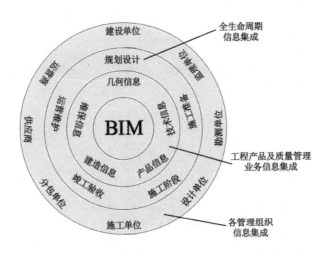

图 2-2 基于 BIM 的建筑工程信息集成管理模型

1.工程产品及质量管理业务信息集成

在建筑工程全生命周期内，随着各项工作业务的开展，信息流不断形成。此外，每项工作都需要获取一定的信息作为基础，并在工作过程中不断形成新的质量信息。基于此，为使下游能够从上游直接获取全面的信息支持，信息集成需要进行通盘考虑、全局规划。

建筑工程质量信息管理数据包含两方面：第一，是对建筑产品的描述信息；第二，是对各参与方的质量管理业务活动描述的信息。按照建筑工程质量信息管理的业务需求，建筑产品属性应具备几何信息（类型、形状、长、宽、高、构件间的连接方式、节点详图、钢筋布置图等信息）、技术信息（材料、技术参数等）、产品信息（供应商、产品合格证、生产厂家、生产日期、价格等信息）、建造信息（施工单位、施工班组、班组长、建造日期、使用年限等）、维保信息（保修年限、维保频率、维保单位、联系方式等）等。建筑工程产品属性的业务资料标签设置如图 2-3 所示。

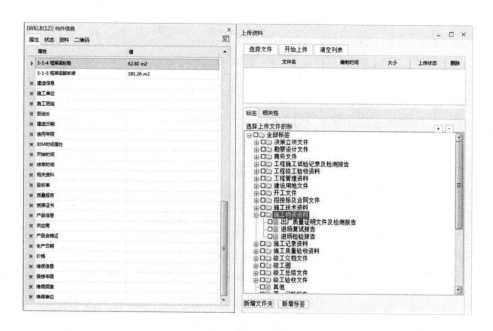

图2-3　建筑工程产品属性（左图）的业务资料标签（右图）设置示例

建筑工程资料是承载工程项目全生命周期各项业务活动的重要实践凭证和原始记录，是按照国家法律、法规、规章和规范、标准的要求对工程建设过程进行管理和记录的。在建筑工程质量信息管理业务活动中各参与方依法建设、开展质量管理工作等方面形成的原始记录，是反映建筑工程质量的重要资料，对推动下游质量管理工作的开展及质量责任的回溯追究有着重要作用。按照建筑工程质量形成过程，质量管理资料可分为：决策立项文件、建设用地文件、勘察设计文件、招投标及合同文件、开工文件、商务文件、工程管理资料、施工技术资料、施工进度及造价资料、施工物资资料、施工记录资料、工程施工试验记录及检测报告、施工质量验收资料、工程竣工验收资料、竣工图、竣工验收文件、竣工决算文件、竣工交档文件、竣工总结文件、运营维护文件等。在建筑工程质量信息管理业务活动中，相关人员可按照业务流程及时集成工程资料，通过如图2-3所示的业务资料标签的设置，将各类资料有序分类，实现全生命周期的资料管理，如图2-4所示。

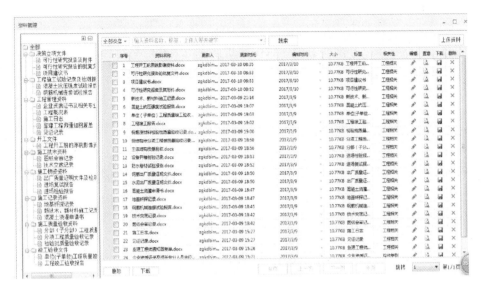

图 2-4 建筑工程资料管理示例

工程产品及质量管理业务信息集成，可全面反映建筑工程质量，形成 BIM 全信息模型，如图 2-5 所示。

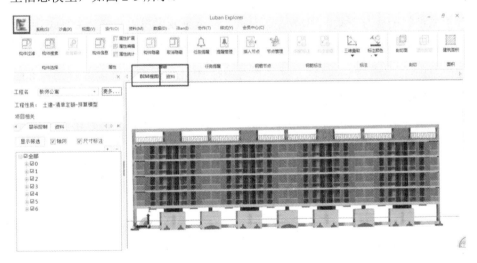

图 2-5 BIM 全信息模型示例

2.全生命周期信息集成

全生命周期信息集成，需要各管理组织在其职责和权限范围内，进行工程产品及质量管理业务信息集成，保证全生命周期各阶段质量生产活动及其辅助活动之间的联系，并使其协调一致，防止信息流失和信息断层。

3.各管理组织信息集成

各管理组织信息集成的核心是协同工作。建筑工程质量管理涉及建设单位、监理单位、勘测单位、设计单位、施工单位、分包单位、供应商、运营商等管理组织，还包括政府、咨询机构等。若各参与方之间缺乏及时有效的沟通，则不利于充分发挥各参与方的管理水平，且易造成建筑工程整体利益的损失。基于 BIM 的建筑工程质量信息管理，需要各管理组织进行质量信息集成，并在此基础上实现协同工作。为了保证基于 BIM 建筑工程质量信息集成的质量，各管理组织要明确自己在质量信息集成中的职责和权限，选择合适的信息集成方法。

（1）各管理组织要明确自己在质量信息集成中的职责和权限

建筑工程质量信息的收集由各参与方共同参与，各参与方在其职责和权限范围内及时将各项业务活动的重要实践凭证、原始记录等输入 BIM 模型，实现模型信息的实时更新。BIM 数据库质量信息集成用户主要包括管理员用户、设计方用户、其他参与方用户，各用户的职责及权限如表 2-1 所示。在整个管理组织中，系统管理员、建设方项目管理员是 BIM 数据库的管理者，利用 Luban EDS（鲁班企业基础数据管理系统）设置各参与方的职责和权限（如图 2-6 所示），引导信息集成的工作流，并通过 Luban BE（鲁班建筑信息模型浏览器）进行信息管理，共同推动数据库的整体运行管理。

表 2-1 BIM 数据库质量信息集成用户的职责、权限划分

用户		职责	权限
管理员用户	系统管理员	设置系统、规定各用户权限及工作流；进行系统的维护以及对系统整体运行的管理	依据项目特征对各参与方的用户权限进行划分并细化
	建设方项目管理员	对项目整体、各参与方的人员、组织等进行管理，并负责监督和引导各参与方对 BIM 数据库的维护和共享；将决策立项文件、建设用地文件、勘察设计文件、招投标及合同文件、开工文件、商务文件、工程竣工验收资料等上传至 BIM 模型	结合项目的实际情况，以及各用户的反馈，确定用户权限设置是否合理，若不合理，则进行相互协调
设计方用户	设计人员	负责及时上传、更新 BIM 模型、图纸、分析报告等设计信息；对其他参与方发送的协作请求进行回复	对具有权限的 BIM 数据进行下载、在线查看、批注等操作；纹理贴图管理（新增材质、编辑材质）；构件属性管理（编辑属性）
其他参与方用户	施工方项目管理人员	将施工技术资料、施工物资资料、施工记录资料、隐蔽工程检查验收记录、施工监测记录、单位工程（子单位）施工质量竣工验收记录等反映建筑工程产品质量及工作过程质量的文本信息及时更新并上传至 BIM 模型	资料管理（上传资料、编辑资料、删除资料）；添加标签；属性管理（属性扩展、属性编辑）；查看工作量；任务提醒（创建提醒、提醒管理、编辑提醒、删除提醒）；数据管理（查看报表、编辑报表、导出工程量）；钢筋节点管理（插入节点、节点管理、删除节点）；工作集管理；协作管理（新建协作、添加更新、删除协作）；构件状态管理（定义状态、编辑状态、完成状态、删除状态）

用户		职责	权限
其他参与方用户	监理方	对施工方的产品质量、工作过程质量以及质量管理体系运行质量进行监督、协调，并将监理管理资料、监理质量控制资料、监理进度控制资料、监理造价控制资料等反馈至 BIM 模型	运用 BIM 数据进行质量的监督、检查；资料管理（上传资料、编辑资料、上传资料）；协作管理（新建协作、添加更新、删除协作）；构件状态管理（定义状态、编辑状态、完成状态、删除状态）
	供应商	及时将所供应的材料、设备等实际属性上传至 BIM 模型	根据合同内容查看相关模型信息；接收任务提醒；查看钢筋节点详图；属性管理（属性扩展、属性编辑）；查看工作量；资料管理（上传资料、编辑资料、删除资料）
	运维方	将运营维护阶段的信息及时更新至 BIM 模型中	属性管理（属性扩展、属性编辑）；查看工作量；资料管理（上传资料、编辑资料、删除资料）

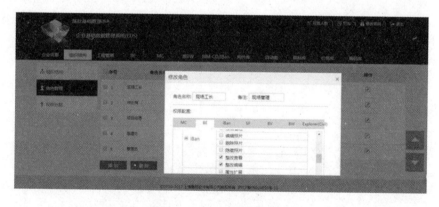

图 2-6　BIM 权限设置示例

（2）各管理组织要选择合适的信息集成方法

不同类型的数据集成，方法不同，各管理组织应选择合适的信息集成方法。

例如，BIM 模型的构件属性信息以及与其他软件进行数据交换形成的数据，为结构化数据。这类数据在模型创建期间就已经形成，相关组织只需根据项目的实际情况进行管理。

在建筑工程项目全生命周期内，文本、图像、视频及音频等非结构化数据是项目的主要数据源，这类数据属于外部资料，量大且文档类型复杂，需要各参与方通过 Luban iBan（鲁班移动监控）、Luban BV（鲁班移动端的 BIM 浏览器）将外部资料与 BIM 模型进行关联，实现资料管理。需要注意的是，应根据资料描述对象的范围，选择与构件相关、与构件类型相关或是与工程相关的资料，从而实现资料的关联范围界定；应按照资料的类型，选择资料标签，实现对非结构化数据有序的收集与集成。

各管理组织应按照职责和权限要求，完成结构化及非结构化数据的集成，使形成的 BIM 数据可供下游各参与方提取、共享，从而推动各组织更好地协同工作。

（二）基于 BIM 的质量信息存储

BIM 的数据支撑是工程数据库。BIM 将集成的信息存储于后台数据库，并依据数据类型的不同分类存储。BIM 模型中的结构化数据又分为结构化模型数据和结构化文档数据。BIM 数据库将存储于其中的结构化文档及结构化模型数据进行一系列数据交换处理后存储于 IFC（工业基础类）关系型数据库中。结构化模型数据需要经过 IFC 模型解析器，生成 IFC 对象模型数据。由于 IFC 关系型数据库是基于关系模型建立的，因此需建立 IFC 对象模型与 IFC 关系模型之间的映射关系，实现结构化模型数据在关系型数据库中的存储。结构化文档数据在 BIM 数据库中采用 XML（可扩展标记语言）技术进行存储，用户自定义不同类型的需要交换的数据结构，这些结构的集成体组成一个 XML Schema，以此来实现不同软件间定义的存储在其相应的关系型数据库中实体属性和关系属性的数据交换。非结构化数据存储于文件数据仓库，并最终存储于 BIM 数据库中，同时文件数据仓库通过 IFC 关系实体与 IFC 关系型数据库建立关联关系。质量管理过程中的模型应用及信息管理均基于 BIM 数据库展开（如图 2-7

所示），BIM 数据库为信息的共享及应用提供数据支持。

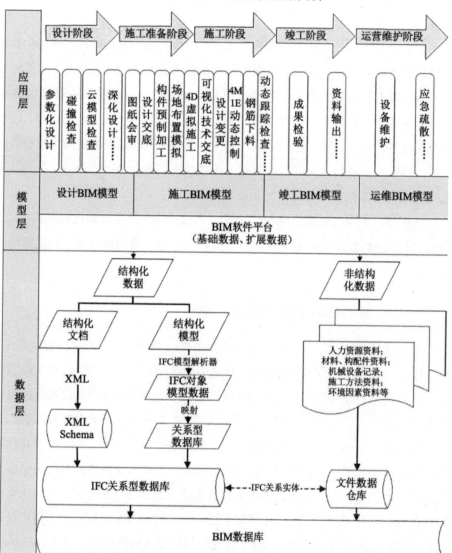

图 2-7　质量管理中 BIM 应用系统架构图

注："4M1E"中的"4M"指 man（人）、machine（机器）、material（物）、method（方法），"1E"指 environments（环境）。

（三）基于 BIM 的质量信息共享

基于 BIM 的信息集成和存储的核心是实现过程管理和信息共享。信息共享不仅是跨组织、跨专业、跨阶段协同工作的需要，也是保证建筑工程有序建设的重要前提。基于 BIM 的建筑工程质量信息共享，可以有效促进各参与方协同工作。

各参与方在各阶段的协同工作流中，在完成数据集成的同时，可以实现以下几个方面的数据应用：①根据信息使用权限，通过移动端或网页端获取 BIM 模型信息，实现对现场的实时监控管理；②实时接收、查看 BIM 数据库中更新消息的推送，促使项目管理者及时获取最新信息；③可以按照材料、构件、构件类型、工程等的名称、标签进行数据的检索、下载和调用等；④在模型及数据的基础上进行模型的深化应用。

综上所述，基于 BIM 的建筑工程质量信息管理，是提高建筑工程质量的重要措施。相关人员可对构件对象的属性信息及质量管理业务流程信息进行全局规划，使其满足各阶段、各管理组织、各项管理业务的需求。在此基础上，规定各管理组织在质量信息集成中的职责和权限，选择合适的信息集成方法，有助于实现信息的集成。此外，还可对 BIM 数据库进行描述，明确信息存储方法，并提出质量管理中的 BIM 应用系统架构，为各参与方在质量管理中，实现信息的集成、存储、共享及协同工作理清思路。

三、基于 BIM 的建筑工程全过程质量管理

建筑工程全生命周期是指建筑工程项目从设计到施工，再到运营维护的全过程，涵盖了建筑工程的质量价值从规划、形成到传递，并最终退出建筑市场的全过程。在质量管理全过程中，由于各阶段参与方不同，且部门、专业间协同的难度大，削弱了管理者对信息的掌控能力，因此建筑工程质量难以得到实

质性提升。

2017 年，国务院办公厅印发《关于促进建筑业持续健康发展的意见》，指出："加快推进建筑信息模型（BIM）技术在规划、勘察、设计、施工和运营维护全过程的集成应用，实现工程建设项目全生命周期数据共享和信息化管理，为项目方案优化和科学决策提供依据，促进建筑业提质增效。"因此，从全过程的角度出发，结合大数据分析成果，研究大数据环境下应用 BIM 技术提升建筑工程质量的方法是很必要的。

（一）设计阶段基于 BIM 的建筑工程质量管理

建筑工程设计是知识加工与综合的过程，交付成果是以工程图纸及计算书为载体的智力成果，是工程质量目标的具体化。从方案设计、初步设计、至施工图设计的完成，是一个循序渐进、逐步细化的过程，需要各参与方的信息及知识有效交汇和传递。BIM 平台可为各参与方提供协同设计平台，基于 BIM 的建筑工程设计采用基于构件对象的参数化设计，可以进行建筑性能模拟分析，提高设计的合理性和经济性，为施工及运营维护阶段的质量管理奠定基础。

建筑工程设计包括三个阶段：方案设计阶段、初步设计阶段与施工图设计阶段。各阶段的工作环环相扣。方案设计阶段是通过场地分析、对各种结构类型进行建筑性能模拟分析，完成方案的比选，最终确定结构选型。初步设计阶段是在方案设计的基础上进行建筑、结构的设计，并进行结构内力分析，保证满足项目质量要求及标准。施工图设计阶段完成各专业模型的构建，并对建筑空间合理优化，使其符合质量要求和标准，满足建设方对项目功能的需求，以及各参建方对施工图纸可施工性的要求。

主体结构质量问题文本挖掘的结果显示，施工阶段常见的质量问题，如构件尺寸标注不明，平面、立面、剖面及明细表中信息不一致，未按图纸施工等造成的质量问题，均可通过精细的规划设计予以解决。因此，从设计阶段介入，将质量问题前置，是十分必要的。

　　基于 BIM 的建筑工程设计全过程，主要有三方面的优势：①采用基于构件的参数化设计，赋予构件以名称、几何尺寸、材料信息、力学性能等定量化属性信息以及构件间的关联关系（如图 2-8 所示），保证了 BIM 模型的完整性、数据的一致性及信息的关联性，同时使 BIM 模型具有可计算性；②各专业人员以 BIM 模型为载体协同工作，并基于可视化的模型进行沟通、协调，改变了各专业人员无法及时提取其他专业人员的中间设计成果而不得不采用分段、有序的串联的工作方式；③可视化的优势无论在确定建筑物与周围环境的关系，场地总平面空间布置，建筑物的空间方位、立面效果，还是建筑内部空间场景，均能迅速得到与实际情况匹配的空间立体场景，便于跨越专业界限，实现各参与方充分、有效的沟通。基于这三方面优势开展设计工作，将大大提高设计阶段的沟通协调效率，保证设计质量。

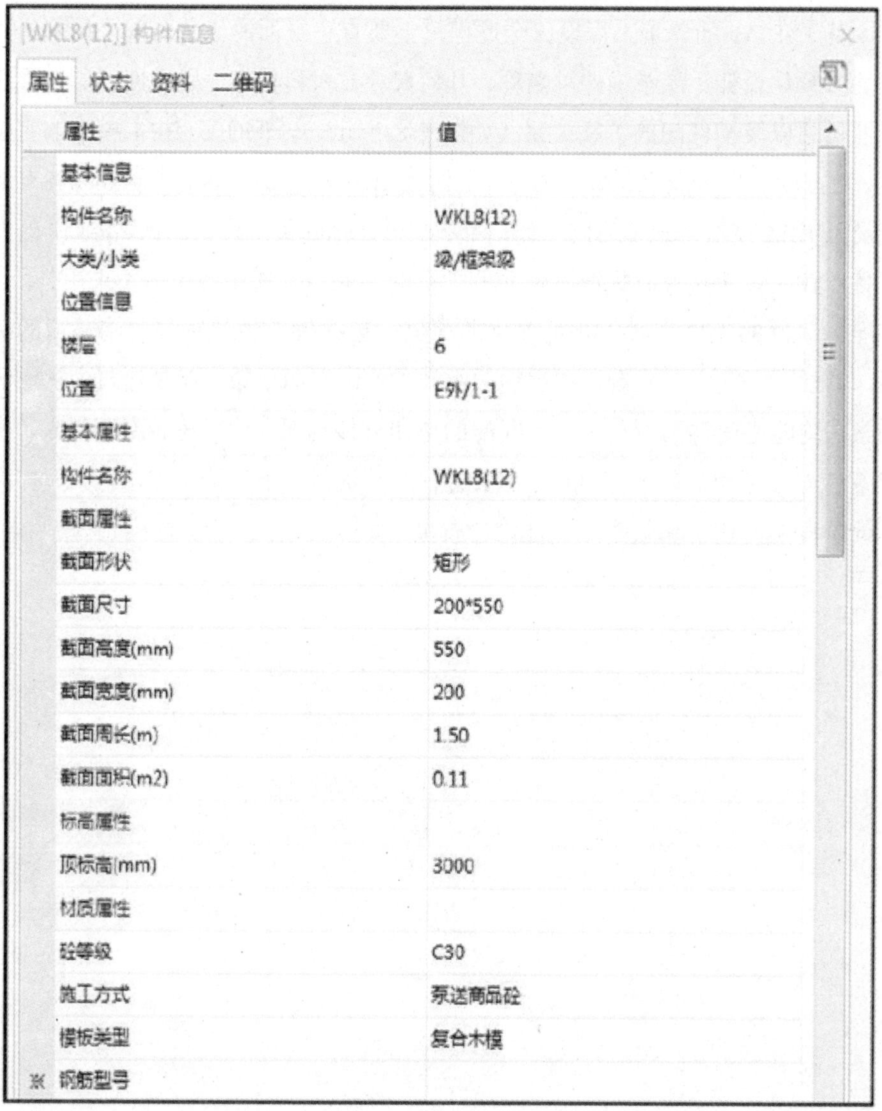

[WKL8(12)] 构件信息

属性　状态　资料　二维码

属性	值
基本信息	
构件名称	WKL8(12)
大类/小类	梁/框架梁
位置信息	
楼层	6
位置	E外/1-1
基本属性	
构件名称	WKL8(12)
截面属性	
截面形状	矩形
截面尺寸	200*550
截面高度(mm)	550
截面宽度(mm)	200
截面周长(m)	1.50
截面面积(m2)	0.11
标高属性	
顶标高(mm)	3000
材质属性	
砼等级	C30
施工方式	泵送商品砼
模板类型	复合木模
钢筋型号	

图 2-8　构件参数化设计样例

1.方案设计阶段

在方案设计阶段，为保证结构选型能充分满足项目功能需求、质量标准及要求，可利用 BIM 技术进行场地分析、建筑性能分析，从多角度进行项目方案的比选。具体流程如下：

首先，在鲁班土建模型构建完成后，将其上传至 Google 地球，可实现工程项目的快速准确定位，查看项目周围自然环境及已有的建筑、道路等人文环境信息；可以可视化的方式模拟场地与周围环境的交互，合理组织拟建建筑物与场地外的交通流线；可利用 BIM 软件与其他软件的集成，对场地使用条件和特点（如方向、高程、纵横断面、等高线、填挖方量）等进行定量分析，并在与周围环境相协调的基础上，进行场地内建筑总平面规划，完成建筑定位。

其次，按照建筑布局的总平面规划，快速构建建筑及其所需设备的 BIM 模型，并结合专业分析软件（如利用 Ecotect，实现对建筑的采光、自然通风的模拟分析；利用 Pyrosim、Pathfinder，实现疏散模拟）完成对建筑物性能的定量模拟分析，根据可视化、可靠的分析结果，进一步修正与优化建筑设计图纸，提高建筑物的整体性能。

最后，对多个方案进行可视化的三维显示，输出定量指标，使各参与方在充分了解方案意图的基础上，进行方案比选，高效决策。

2.初步设计阶段

此阶段的主要工作是以方案设计阶段完成的建筑设计模型为基础，配合结构设计，并对建筑、结构模型反复推敲完善，完成建筑及结构设计的模型。在定义构件的建筑、结构属性信息的同时，定义构件间的关系，使得基于模型生成的模型本身、平面、立面、剖面、节点详图等相关视图以及各种明细表间具有关联性。随着模型的修改，其他视图及明细表可实现自动更新，这有助于保证设计图纸的一致性，降低因设计不一致产生的质量风险。基于参数化设计的建筑、结构模型，便于进行技术、经济指标的测算，实现面积统计表的快速精准统计，从而保证设计成果满足项目要求。

3.施工图设计阶段

施工图应能完整表达建筑工程设计意图，其精细程度应能满足下游施工的要求，各构件的位置、尺寸等属性信息的表达应精确无误。在施工图设计阶段，应对上一阶段设计的建筑、结构模型进一步深化，在其基础上进行电气、暖通、给排水等专业的设计，完成全专业模型的构建。在模型构建完成后，应对模型的完整性、合法性进行检测，以保证模型的精确性。

（1）云模型检查

鲁班云模型检查基于专家智慧设置的模型检查标准及规则，可按照楼层、单位工程、或自定义构件等对模型的混凝土等级合理性、属性合理性、建模遗漏、建模合理性以及计算结果的合理性进行检查（如图2-9所示），并根据检查结果进行模型的优化，减少设计失误与建模错误，提高模型质量。

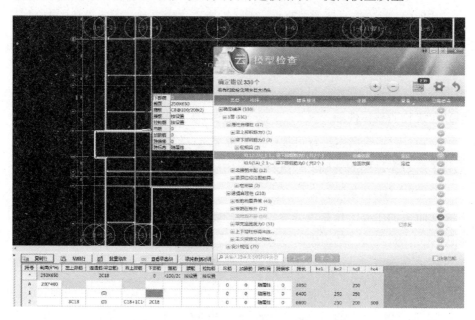

图 2-9　鲁班云模型检查及问题的修复

（2）碰撞检查

在鲁班系列软件中，将建筑、结构、安装专业的模型导入 Luban BIM Works（鲁班 BIM 多专业集成应用平台），选择碰撞检查的范围，软件将输出包含碰撞图片、位置、发生碰撞的构件、碰撞情况等描述信息的碰撞检测报告（如图2-10 所示）。对照检测结果，反查搜索碰撞点对应的模型位置，根据实际情况对碰撞点作出调整标高、设置预留洞口、对检查错误可选择忽略等处理，降低设计在空间上的冲突，减少由此产生设计变更的概率，避免此类错误传递至下游施工阶段，可大大提高建筑工程项目的综合设计能力及设计效率。

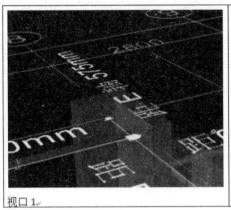

名称：碰撞 6

构件 1：土建\墙\砼外墙\JLQ200(H=0mm～2950mm)

构件 2：给排水\管道\废水管\排水用PVC-U-De75(H=2700mm)\F-a

轴网：7-6/E-D

位置：距 6 轴 100mm；距 E 轴 575mm。

碰撞类型：已核准

备注：

视口 1

图 2-10 碰撞检测报告示例

（3）净高检查

基于建筑及机电管线模型，按照规范、标准设置净高，对模型进行检查，并针对具体情况对建筑模型或机电管线的排布进行优化，可以保证建筑工程的使用功能。

（4）虚拟仿真漫游

在 Luban BIM Works 中，通过手控或提前设定路线，模拟人在虚拟建筑空间的内部行走，可发现云模型检查、碰撞检查、净高检查无法检测出的但影响建筑工程的使用功能的设计问题（如柱临近墙却在墙的外侧等），进一步优化设计。虚拟仿真漫游可以使人们以更直观的方式查看建筑内部空间，用于辅助方案评审及设计成果的交付，可有效提高沟通协调效率。

（5）模型辅助设计出图

利用模型构件间的关联性，保证平面、立面、剖面视图的一致性，同时可对复杂节点辅以节点详图、三维透视图、轴测图进行表达，可使其能够满足施工要求，使各参与方更好地理解图纸。

基于 BIM 开展设计工作，有助于提高设计工作效率，保障设计工作质量，同时为下游施工阶段的质量管理提供精准完备的设计模型，最大限度地发挥 BIM 在建筑工程质量管理中的应用价值。

（二）施工准备阶段基于 BIM 的建筑工程质量管理

施工准备阶段质量管理工作的重点主要有两个方面：第一，充分理解设计意图；第二，制定并优选施工方案，实现对施工过程的策划。在实际的建筑工程中，施工阶段存在一些不按设计图纸、施工方案施工的现象，其直接原因就是施工准备阶段质量管理工作不充分。基于 BIM 开展施工准备阶段的质量管理，主要从图纸会审与设计交底，施工方案模拟、优化与交底，质量、进度、成本多目标综合管理，预制构件加工等方面辅助提升管理工作质量。

1.图纸会审与设计交底

图纸会审与设计交底的最终目的是使施工单位充分理解设计意图，并对图纸中的问题进行梳理，找出施工中的技术难题，并提出解决方案。传统的图纸会审与设计交底，需要建设单位、监理单位、施工单位、设计单位、勘察单位共同对设计图纸进行研究，耗费大量的人力、物力，但各参与方通过二维施工图纸，往往不能及时发现全部设计问题，这会影响建筑工程质量，并影响建设工期。

基于设计阶段形成的 BIM 模型进行图纸会审及设计交底，可从设计图纸的源头降低图纸问题出现的可能性；同时，设计方以三维立体模型辅助展示设计成果，并讲解技术难点，可使各参与方更加直观、及时地理解设计意图，方便沟通与决策，提高工作效率。

2.施工方案模拟、优化与交底

以往，相关人员以二维施工图纸为基础，依据施工经验识别出质量控制点并提出预防措施，撰写相应的施工方案。但由于相关人员在方案制定阶段对施工进度计划、现场周围环境等了解不够充分、考虑不够全面，有些施工方案与现场情况不一致，无法准确指导现场施工。此外，由于施工方案以纸质形式存档，可视化及可理解性低，特别是复杂部位的施工，难以清晰表达，造成施工方案的细节容易被忽略，从而影响施工质量的提升。

要想制定基于 BIM 的施工方案，可以海量质量问题的文本挖掘结果为基础，结合项目实际情况，辅以 4D 施工方案模拟，结合施工质量管理的重点、难点问题，制定质量管理清单，并不断验证、优化施工方案。

关于质量控制点的设置，可先通过对各项目质量问题的持续收集、存储、文本挖掘，不断更新与升级质量管理清单库。然后，根据拟建项目的结构类型，调用同类型项目各分部分项工程的质量问题清单，并以其为模板，按照项目的具体情况，在所选的模板上进行增减，从而完成质量控制点的初步设置。在 4D 施工方案模拟的过程中，应注重对初步设定的质量控制点的模拟仿真，并查找建造过程中的施工重点、难点，及时补充、完善初步设定的质量控制点，使施工方案更符合工程实际，从而使施工阶段的建筑工程质量管理更可控。

关于 4D 施工方案模拟、优化与交底，可依据初步设定的多个施工方案，在 Luban SP（鲁班进度计划软件）中，将施工进度计划与 BIM 模型中的构件关联，形成 4D 模型，并上传至 Luban BE、Luban MC（鲁班管理驾驶舱），进行建筑工程施工方案的模拟。相关人员可通过 4D 施工模拟，直观查看以建筑工程构件为单位、以施工工序为基础的动态虚拟施工过程，及时发现施工过程中各专业交叉作业在空间及时间上的矛盾，反复验证并及时调整施工方案，使其更加经济、合理。相关人员应针对各施工工序以及施工的重点、难点部位，以动态、可视化的方案模拟向各参与方及现场施工人员进行技术交底，保证各方全面了解施工方案，并掌握施工工艺及方法。

3.质量、进度、成本多目标综合管理

质量管理、进度管理、成本管理三大项目管理目标之间存在着对立统一的关系，质量管理、成本管理均是随着进度的推进而展开的。

借助施工进度计划与 3D 模型构件的关联，形成 4D 项目管理模型，在此基础上开展成本管理及质量管理，可实现多目标的优化及综合管理。此外，根据 4D 模型输出各阶段所需的人、材、机等资源需求信息，可实现从源头出发，对影响建筑工程质量的人员、材料、机械设备等因素进行控制，做到合理安排人员、材料、机械设备进场，制定针对材料、机械设备的质量检测计划。

4.预制构件加工

在施工方案制定完成后，施工单位需要按照进度计划安排各种人员、材料、机械设备进场。由于预制构件属于定制式，制作周期较长，因此应在施工准备阶段完成预制构件加工。经过设计交底及施工方案模拟，供应商能够对预制构件的型号、形状、尺寸、材质、性能以及施工过程有清晰的了解，从而按照深化设计图纸要求精确制作，以满足施工进度需求。此外，通过基于 BIM 的信息沟通平台，相关人员能够及时将更新的设计信息传递至供应商，从而在一定程度上保证预制构件满足施工要求。

在施工准备阶段，只有保证施工图纸的精细度、施工方案的合理性、项目管理目标的均衡性等，才能对建筑工程质量管理起到推动作用。

（三）施工阶段基于 BIM 的建筑工程质量管理

施工阶段是设计阶段的智力成果、施工准备阶段施工方案物化形成工程实体的过程，是建筑工程质量价值形成的环节。但在实践中，一套完整的质量管理的理论往往无法得到全面贯彻执行，这不利于工程质量的提升。基于 BIM 的建筑工程质量管理，可以从思想上、技术上解决这一问题。在施工过程中，相关人员根据文本挖掘的结果并结合 BIM 技术，开展质量策划、质量控制、质量保证及质量改进工作，按照施工准备阶段制定的方法、措施，照图施工，严格控制工程实体形成的过程，重视施工过程质量信息的收集、存储，为质量改进提供可靠的数据基础。

1.从源头控制质量影响因素

基于 4D BIM 模型制定各阶段人、材、机资源需求计划（如图 2-11 所示），可为资源供给提供决策依据。

人材机汇总	人工	材料	机械设备									
全部材料	未计价	主要材料	辅材	商品砼	商品砂浆	含组成材料						
序号	招标类型	编号	名称	型号规格	类型	单位	数量	预算价	市场价	市场价浮…	风险系数(%)	基准单价(元)	最高限价	合价
1		406002	毛竹		C	根	14.136	9.50	9.50					134.29
2		102042	碎石5-40mm	5-40mm	C	t	56.130	35.10	35.10					2321.17
3		607045	石棉粉料费		C	kg	241.104	0.68	0.68					163.95
4		901167	其他材料费		C	元	4962…	1.00	1.00					4962.27
5		504177	脚手钢管		C	kg	416.070	3.10	3.10					1289.82
6		901114	回库修理、保养费		C	元	422.178	1.00	1.00					422.18
7		508216	银白色铝合金百叶窗		C	m²	1.852	155.0	155.0					287.06
8		511204	对拉螺栓(薄墙用)M14×120	M14×120	C	套	117.095	1.60	1.60					187.35
9		607025	石棉板		C	m²	11.840	4.47	4.47					52.92
10		901021	浆管摊消费		C	元	55.648	1.00	1.00					65.55

图 2-11 基于 4D BIM 模型的人、材、机资源需求计划示例

从源头控制质量影响因素主要从以下几个方面着手：

（1）人员方面

在人员方面，首先，施工单位应按照人员需求合理安排各参建方进场，并将其资质证书、质量保证体系以及须持证上岗人员的资格证书等资料上传至 BIM 模型；其次，以 4D BIM 模型为载体，将质量控制点、施工工艺等以直观易懂的方式对各工种进行岗前培训及技术交底；最后，明确各岗位人员的质量责任及奖惩制度，提高其质量责任意识，降低由质量责任意识薄弱导致质量问题的概率。此外，应在施工全过程落实各工序自检、互检、交接检的"三检"制度。需要注意的是，各岗位的技术交底、质量责任制以及质量检验等都要形成真实可靠的记录，相关人员可将这些记录按照构件、构件类型、工程相关分级有序输入 BIM 模型。

（2）材料与机械设备方面

相关人员只有做好材料与机械设备的采购、进场检验、保管、领取与使用的全过程管理，才能保证建筑工程质量。在材料、机械设备管理过程中，施工单位应依据 4D BIM 模型，根据各阶段资源需求计划，综合考虑各项目的需求，制定材料、机械设备的采购计划；然后在企业数据库中选取优质的供应商，从采购源头保证材料、机械设备的质量。材料、机械设备的进场，应按照规范要求由责任人负责检查验收，并将材料、机械设备的规格型号、技术参数、供应商、质检员、对应的构件部位等验收资料，输入 BIM 模型。材料仓库管理员应按照项目进度计划，合理安排库存，依据各阶段的工程量，并结合消耗量指标，执行限额领料。在材料加工阶段，相关人员应按照设计及施工规范要求，完成材料加工。材料、机械设备的安装，应严格按照图纸及模型要求，精确定位，可靠安装。在施工完毕后，相关人员应将资料归集完成，保证模型信息与现场质量管理业务流程同步。

2.施工过程质量管理的实时动态跟踪

施工阶段质量管理的重点是过程控制、实时跟踪，以及时发现质量偏差，分析原因，并采取措施进行质量控制。基于 BIM 的施工过程质量管理，其流程如图 2-12 所示，能够实现各参与方对模型信息的快速获取以及高效沟通协作，同时完成质量管理过程信息的收集、存储，为质量策划、质量控制、质量保证，以及质量改进的全过程提供决策支持。

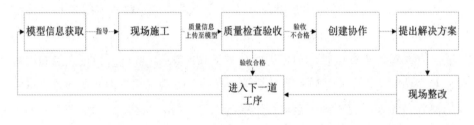

图 2-12　基于 BIM 的施工过程质量管理流程

（1）模型信息获取

现场质量管理以及时有效的信息为基础。建筑工程管理实践表明，信息更新不及时可导致许多问题，如施工方未按变更图纸施工、质量整改要求未得到及时响应等。BIM 模型能够实现对构件的属性信息、报表数据、外部资料的检索及可视化显示。在质量管理过程中，各参与方不断更新项目管理信息，通过移动端 iBan、BV 及网页端，均能查看最新的模型信息。此外，现场质量管理人员也可以通过移动端及网页端获取模型更新动态，更加清晰地掌控施工进度及质量管理状态。现场质量管理人员可随时查看各构件信息、正在进行的协作、构件状态（进行中、已完成等）、构件资料等，从而加强对现场质量的掌控，如图 2-13 所示。

图 2-13　Luban BV 模型信息获取示意

（2）质量检查验收

通过对 BIM 模型信息的获取，现场质量管理人员可对正在施工及已经完成的工序，参照模型信息、施工规范、质量验收规范进行实时对比分析，然后进行施工质量验收。如果验收合格，则可进入下一道工序；如果验收不合格，则需要进行创建协作。关于创建协作，如图 2-14 所示，现场质量管理人员可按照质量问题的影响范围，选择与工程相关、与构件相关或与构件类型相关的问题，对质量问题进行文字、语音、图片等多种形式的描述，并指定协作的相关人员（相关人员可以是企业内部管理人员，也可以是其他参与方的项目管理人员），然后通过分享选项，以微信、QQ、短信等形式和 BIM 协作通知两种方式提醒各相关人，提请相关人员协作解决。对于创建完成的协作，还可以根据项目的实际进展进行编辑、添加更新、分享等。各相关人员可通过移动端、网页端，查看待整改协作的通知，如图 2-15 所示，然后根据问题的描述做出相应回应，并将决策信息通过添加更新的方式予以回应。

此外，质量信息的描述应完整全面，便于相关人员从更多的维度进行分析，发现质量问题的发生规律，为该项目的质量改进以及今后项目的质量策划工作提供数据支撑。

图 2-14　创建协作示例

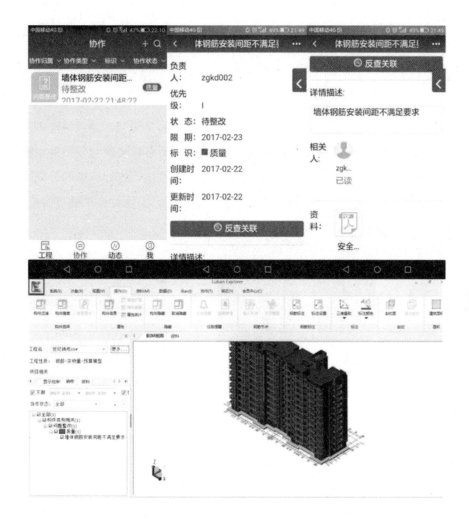

图 2-15　通过移动端（上图）、网页端（下图）查看待整改协作的通知

基于 BIM 的施工质量管理，能够实时获取现场施工情况，方便相关人员针对存在的问题进行及时、高效的沟通，大大提高质量管理效率，从而提升建筑工程质量。

3.进行精细化管理

由于建筑工程体量大、参与方多等，所以许多项目管理者在质量管理的过程中常常力不从心，被动地进行以问题为导向的质量管理，难以实现精细化管理，造成质量问题频出。要想提升建筑工程施工质量，必须进行精细化管理。在建筑工程施工过程中，BIM 技术主要通过以下几个方面推动精细化管理的实施。

（1）复杂节点详图管理

复杂节点的交底、施工及质量验收，是质量管理的重点、难点。许多建筑工程常常因为节点施工管理不到位而返工。BIM 平台可以实现对复杂节点输出节点详图、剖面图，并以"图钉"的形式链接至模型中，进行模型的补充，如图 2-16 所示。相关人员可通过移动端查看节点详图，实现对施工细节的把控。

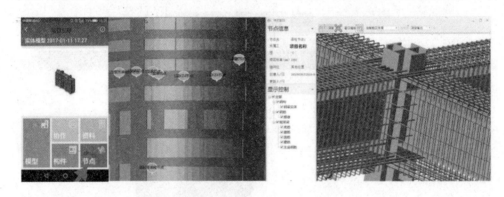

图 2-16　节点详图示例

（2）图纸设计说明可视化

图纸设计说明通常是对图纸中的技术标准、质量要求等的具体说明。由于其无法采用二维的线型、符号等进行表示，只能选择用文字加以说明，对构造柱、马牙槎、洞口、砌体排布等的说明常常被忽略。借助 BIM 技术，相关人员能够以可视化方式展示图纸设计说明及标准规范，以此指导施工，可以更好地保证工程质量。

第一，构造柱及马牙槎的可视化显示。鲁班系列软件可按照设计图纸及规范要求实现对构造柱的智能布设，并可显示马牙槎的样式，而且可以自动生成构造柱输出平面布置图，实现构造柱的定位，减少构造柱漏设、马牙槎设置错误等情况的发生。

第二，砌体排布。借助 BIM 技术可生成砌体的排布模型，也便于根据情况不断改变砌体的主规格及辅助规格，不断优化排布。此外，还可为每个砌体编码，生成各种砌体用量报表，方便相关人员根据材料用量合理安排采购。

第三，洞口留设精准定位及防护栏杆的布设。洞口预留错误或漏设，会影响现浇结构的表观质量及结构安全，必须采取相应措施。相关人员可以利用 Luban BIM Works 实现机电管线与建筑、结构专业的全专业模型综合，进行碰撞检查，输出管线与结构间的碰撞结果，并针对具体情况，提请设计单位确定图纸优化或留设洞口。当需要留设洞口时，相关人员可将预留孔洞的部位、涉及的构件、位置等信息以 word 形式导出，然后利用文档及三维模型可视化交底，尽量避免遗漏。此外，相关人员借助 BIM 技术还可实现对洞口的自动识别，并生成防护栏杆，提供防护栏杆材料用量表，在保障施工安全的同时提高管理质量。

（3）设计变更

设计变更在建筑工程施工中是不可避免的。设计变更的流程一般较为复杂且周期长，往往造成图纸管理混乱、设计变更不能及时更新等问题。此外，在设计变更过程中，各方的信息沟通往往存在一定问题，容易造成现场施工无法及时落实变更设计的情况，引起返工。

相关人员可基于 BIM 模型，提请设计单位作出变更以及将设计变更的通知发送到各相关方，并将设计变更及时反映到模型中，从真正意义上做到协同修改，降低设计变更的工作难度。

基于 BIM 开展施工阶段的质量管理，有利于推动各工序的精细化施工及管理，从源头加强把控，实现施工过程的动态跟踪掌控，有效提高质量管理效率，保证工程质量。

（四）竣工阶段基于 BIM 的建筑工程质量管理

竣工阶段是对设计及施工阶段质量成果的验收，其通过对工程实体及工程资料两方面内容的检查验收，完整反映建筑工程产品质量。

建筑工程的分部分项工程交接多、终检局限性大、体量大、参建方多，造成事后质量控制难度高，因此采用工程实体检验结合工程资料验收方式，有助于实现对建筑工程最终产品的竣工验收。但由于验收和交付程序复杂，从规划设计到竣工验收时间较久，质量信息的收集汇总、传递、审核工作难度大，造成工程竣工验收周期长、工作效率低。

BIM 技术的应用，有助于实现现场施工过程与虚拟建造过程的同步、工程实体建造与信息归集的同步。设计阶段交付的 BIM 模型，按照施工进度更新维护，可形成 BIM 竣工模型，这一模型不仅可用于工程实体的检查验收，还可导出质量信息资料供资料验收使用。

在施工过程中，设计模型会随着工程进度的推进，集成图纸会审、设计变更、工程洽商（包括技术核定）及施工资料等信息，最终形成 BIM 竣工模型，实现对建筑工程实体的信息化表示。在组织竣工质量检查、专项验收的过程中，相关人员通过将可视化的 BIM 竣工模型与工程实体比对，可对局部、细节部位校核、检查验收，从而更好地掌握建筑工程的使用功能、整体质量。

在竣工验收阶段，验收人员需核查 BIM 模型中的信息资料的有效性及完备性。然后，在保证信息资料有效、完备的基础上，按照质量验收阶段的要求，导出需交付的资料，并将 BIM 竣工模型整理交付至下游运营维护阶段，保证各阶段信息的共享与传递。

（五）运营维护阶段基于 BIM 的建筑工程质量管理

运营维护阶段的质量管理是通过对建筑空间进行规划、维护、应急等管理，来满足顾客对建筑产品的可用性、运行的安全性和稳定性等的要求。运营维护阶段的信息反馈，可为建筑工程质量管理的持续改进提供支持。由于运营维护阶段时间长、管理内容琐碎、面对的顾客多且复杂，再加上管理决策的数据支撑不够充分，所以这一阶段的管理效率较低。这会影响建筑工程全生命周期质量价值的实现。在运营维护阶段使用 BIM 竣工模型，可为运营维护提供数据支撑。BIM 技术以其可视化、信息集成两大优势，为建筑工程在营销推广、空间管理、设备维护及应急疏散等过程中的质量价值传递提供强大的数据支撑，保证运营维护过程的科学合理性，并通过运营维护阶段的信息反馈，提升建筑工程的整体价值。

1.营销推广

建筑工程质量以顾客的感知为度量。从顾客的角度来看，如果建筑工程质量满足其价值需求，则建筑产品存在价值。营销推广，就是采用各种营销方法和手段，使顾客认同建筑工程的质量，并将质量价值传递给顾客。

营销推广工作在项目建设之初，通过调查研究确定目标顾客群体的需求，确定项目定位时即已开始。相关人员应用 BIM 模型可将建筑工程及周围环境以经过渲染的三维效果图展示，便于潜在顾客对建筑产品有初步认识；还可采用虚拟漫游，让顾客对建筑空间有一个更直观、全面的认识，增强顾客对建筑产品的认可度。

2.空间管理

有效的空间管理，可提高空间利用率并为顾客提供高品质的居住环境、办公环境。BIM 模型集成了建筑构件的几何特性、功能特性及性能信息，能够满足空间分析和管理的需求，为空间的优化提供决策支持。

当建筑空间内的结构等不能满足顾客使用需求时，建筑就需要进行改造和拆除。BIM 模型中的工程资料，可以为建筑的改造和拆除提供一定数据支撑。

3.设备维护

建筑工程中的设备包括给水排水设备、供暖通风设备、消防设备等。设备正常有序的工作，才能保证建筑工程的使用功能。设备的维护直接决定着设备的使用寿命，是运营维护阶段质量管理工作的重点。

设备维护需要维护人员熟悉竣工图纸，并了解设备的性能，才能保证设备的维护保养经济、高效、有序地开展。然而，一些建筑工程从竣工阶段到运营维护阶段存在信息断层和孤岛现象，造成设备信息获取困难且不全面。此外，运营维护人员的变动，也易导致信息流失。BIM 竣工模型涵盖设备的产品信息、建造信息、维保信息等，这些信息为制定设备维修保养计划及资产重估提供数据支持。

基于 BIM 的设备维修保养工作，可主要从以下几个方面着手：

第一，设备信息的有序管理。从 BIM 竣工模型中提取的设备信息，在运营维护过程中，应根据维护记录，及时更新，保证模型信息与实际情况一致。

第二，维修保养人员应用工程经济学理论方法，依据设备的质量信息，选择设备采用何种更新方式，并制定设备维修保养计划；然后，按照计划要求，采购设备维修保养所需的工具、材料等，以实现设备维修保养的精细化管理。

第三，根据维修保养计划，对计划范围内或虽未在计划范围内却发生紧急故障的设备进行维修保养。在维修保养过程中，维修保养人员可以依据 BIM 模型直观查看机电管线、设备的通路等，快速发现维修点，并及时维修保养，以降低设备折旧率，延长设备的使用寿命。

第四，整理、分析设备的维修保养记录，查找各设备出现具体质量问题的原因，追究责任人，并对设备的生产厂商、供应商等进行评估，为今后项目的设备采购及维修保养积累数据，不断提高设备的整体质量。

4.应急疏散

在运营维护阶段，相关人员可通过 BIM 软件模拟应急疏散，向顾客直观介绍正确的逃生路线，保证建筑产品使用的安全性。

建筑工程全生命周期质量管理的最终目的是使顾客满意。运营维护阶段的信息反馈，可以为提升建筑工程全生命周期质量提供支持，从而最大化地实现 BIM 在建筑工程质量管理中的价值。

此外，建筑工程质量管理还强调全员参与。质量管理的任何一个环节出现问题，都可能引发质量问题或质量事故，因此应提高组织内部全体员工的质量责任意识，以保证各环节工程的质量。基于 BIM 开展质量管理将推动质量管理行为的标准化。BIM 为全员参与质量管理提供了具有可操作性的管理工具，为各参与方提供了跨越组织、专业界限的协同工作平台。基于 BIM 开展质量管理，在实现全员质量责任终身追究的同时，可有效增强全员的质量责任意识，以技术支撑推进质量管理的发展。

第三章 基于 BIM 的
建筑工程施工进度管理

第一节 施工进度管理概述

一、施工进度与进度管理的概念

（一）施工进度的概念

施工进度是指在施工过程中各个工序的时间顺序，以及各个工序的进度。在施工过程中，往往要消耗时间（工期）、劳动力、材料等才能完成项目任务。然而，工程是一个非常复杂的系统，容易受到资金、时间、资源、环境等目标的限制，人们往往很难找到一个恰当的、统一的指标来反映施工进度。

（二）施工进度管理的概念

施工进度管理是指采用科学的方法确定进度目标，编制进度计划和资源供应计划，进行进度控制，在与质量、费用目标协调的基础上，实现工期目标。

项目管理人员进行施工进度管理，要先对工程建设目标进行分析，再全面分析各个工序的基本内容，根据各分项工作的持续时间、开始时间、结束时间、工序间的逻辑关系拟定可行的施工进度计划，实现对施工进度的初步管理；根据拟定的施工计划，合理有序地安排人员、材料、设备、资金等进行施工；阶段性地将施工情况与施工计划进行对比，分析出在施工过程中出现差错的原因，再采取有效的控制措施，确保施工进度稳步有序推进。

二、施工进度管理的基本程序

施工进度管理的基本程序就是进度的计划和实施。

（一）进度计划

影响工程项目进度的因素有很多，如人为因素、技术因素、材料因素、资金因素、环境因素等。因此，为了确保工程项目的顺利实施，要对可能影响进度的各种因素进行调查，并预测出这些因素可能对进度产生的影响，从而制定切实可行的进度计划，以指导工程项目的实施。

项目进度计划包括项目的前期准备阶段的进度计划、设计阶段的进度计划、施工阶段的进度计划和竣工前准备阶段的进度计划。项目进度管理就是要逐级制定进度计划，并不断对计划进行优化，使进度计划更加科学。

（二）进度实施

项目进度的实施是进度计划的执行过程。进度计划的执行过程中可能会出现事先未料到的情况，使得项目不能按已定进度计划进行，因此要对进度计划跟踪监督，当发现进度计划执行受到干扰时，应及时采取调度措施。调度措施是使进度计划顺利实施的重要手段。相关人员应及时掌握进度计划的实施情况，协调各方面的关系，采取措施，解决各种矛盾，实现动态平衡，保证进度计划的实施和进度目标的实现。

由于项目进度实施的过程是动态的，因此在项目进度实施过程中，要对施工进度进行系统的动态控制、循环控制，并建立科学的信息反馈系统。项目管理人员要按系统控制原理来加强工程项目全过程的控制。进度计划的执行实际上就是一个不断出现干扰、不断排除干扰的动态过程。工程项目进度控制的全过程也就是一个规划、实施、检查、分析、调整、再规划的循环过程。信息反馈是项目进度控制的依据，因此项目管理人员要建立起科学的信息反馈系统，通过对各方面的信息进行分析处理，及时做出调整进度计划的决策，使进度计划更符合预定目标。

工程项目进度控制是周期性进行的，项目经理是进度控制的核心，业主、承包商和监理工程师的共同控制是进度控制的有力保证。

第二节　施工进度计划

一、施工进度计划的概念

施工进度计划是表示各项工程的施工顺序、开始和结束时间以及相互衔接关系的计划。它是项目施工进度管理的开端，也是承包单位进行施工现场管理的指导性文件。施工进度计划一般按工程对象进行编制。任何管理活动都不能与计划脱节。没有施工进度计划就难以进行施工进度管理。

二、施工进度计划的分类

施工进度计划一般包括施工总进度计划和单位工程施工进度计划。

（一）施工总进度计划

施工总进度计划是以建设项目或群体工程为对象对全工地所有施工活动提出的时间安排表。它是将参与工程项目的各单位、各部门，如勘察、设计、施工、设备安装、物资供应等各部门的工作进行统一安排和部署的综合性计划。通过这一计划，相关人员或部门可对工程项目进行有效管理。通过施工总进度计划，相关人员或部门可确定各个施工对象及主要工种工程、准备工作和全场性工程的施工期限、开工和竣工的日期，确定人力、材料、成品、半成品、施工机械的需要量和调配方案，为确定现场临时设施、水、电的需要数量和需要时间提供依据。施工总进度计划必须考虑解决局部与整体、当前与长远、各个局部之间的关系，确保工程项目从前期决策到竣工验收全过程的各项工作能按照计划安排顺利完成。因此，正确编制施工总进度计划是保证项目以及整个工程按期交付使用、充分发挥投资效益、降低工程成本的重要条件。

（二）单位工程施工进度计划

单位工程施工进度计划是在既定施工方案、工期与各种资源供应条件的基础上，根据合理的施工顺序对单位工程内部各个施工过程做出的时间、空间方面的安排。借助单位工程施工进度计划，相关人员可以确定施工作业所必需的劳动力、施工机具与材料供应计划等。

三、施工总进度计划的编制

工程项目的施工进度计划一般是指施工总进度计划。施工总进度计划是控制工程施工进度和工程施工期限等各项施工活动的依据。施工总进度计划是否合理，直接影响施工速度、成本和质量。

（一）施工总进度计划的编制要求

编制施工总进度计划的要求是：保证拟建工程在规定期限内完成，保证施工的连续性和均衡性，节约施工费用，发挥投资效益。

（二）施工总进度计划的编制内容

施工总进度计划的编制内容主要包括以下几点：①编制说明；②施工总进度计划表；③分期分批施工工程的开工日期、完工日期及工期一览表；④资源需要量及供应平衡表。

（三）施工总进度计划的编制依据

施工总进度计划主要依据下列文件编制：①施工合同；②施工总进度目标；③工期定额；④有关技术经济资料；⑤施工部署与主要工程施工方案。

（四）施工总进度计划的编制步骤

1.收集编制依据

施工总进度计划应根据施工合同、施工总进度目标等综合确定。在编制施工总进度计划时，编制人员首先要收集和整理有关拟建工程项目施工总进度计划编制的依据。

施工总进度目标是施工总进度计划顺利执行的前提。只有确定科学合理的进度目标，提高施工总进度计划的预见性和主动性，才能有效控制施工进度。

2.计算总工程量

施工总进度计划编制人员需要根据批准的工程项目一览表，初步设计图纸、有关定额等，按单位工程分别计算其主要施工工程量。

工程量的计算要针对总工程所划分的每一个施工工程分段计算。在计算总工程量时，编制人员可以直接套用施工预算的工程量，也可以根据图纸、施工方案等计算或根据施工预算加工整理得到。工程量的计算可粗略。

3.确定各单位工程的施工期限

各单位工程的施工期限应根据合同工期确定，同时要考虑建筑类型、结构特征、施工方法、施工管理水平、施工机械化程度以及施工现场条件等因素。如果在编制施工总进度计划时没有合同工期，应保证计划工期不超过工期定额。

各单位工程的施工期限主要是由施工项目的持续时间决定的。施工项目是在一定时期内进行过建筑安装施工活动的基本建设项目或更新改造措施项目。各单位工程的施工期限应按正常情况确定。在编制出初始计划并经过计算后，应结合实际情况做必要的调整，这是避免盲目抢工造成浪费的有效办法之一。按实际施工条件来估算各单位工程的施工期限是较为简便的方法，在实际工作中也多采用这种方法。各单位工程施工期限的具体计算方法有经验估算法和定额计算法两种。

4.确定各单位工程的开工时间、竣工时间和相互搭接关系

在确定各单位工程的开工时间、竣工时间和相互搭接关系时，应着重考虑以下几个方面的内容：

（1）同一时期开工的项目不宜过多，以免人力、物力过于分散。

（2）在施工时，应尽量做到均衡施工。均衡施工不仅体现在时间的安排上，而且体现在劳动力、施工机械和主要材料的供应等方面。

（3）能够供工程施工使用的永久工程，可尽量安排提前开工，这样可以节省临时工程费用。

（4）急需和关键的工程以及某些技术复杂、施工周期较长、施工难度较大的工程，应安排提前施工。

（5）施工顺序必须与主要生产系统投入生产的先后次序一致。另外，还要安排好配套工程的施工期限和开工时间，保证建成的工程能迅速投入生产或按时交付使用。

（6）要考虑建设地区气候条件对施工的影响，施工季节不应影响工程质量，更不应导致工期延误。

（7）安排一部分附属工程或零星项目作为后备项目，用来调整主要项目的施工进度。

（8）要使主要工种和主要施工机械能连续施工。

5.编制初步施工总进度计划

初步施工总进度计划的编制应根据流水作业原理，使施工有鲜明的节奏性、均衡性和连续性。

初步施工总进度计划一般用图表表示，有甘特图和网络图两种形式。

在初步施工总进度计划编制完成后，相关人员要对其进行检查。检查的主要内容有：各单项工程（或分部分项工程）的施工时间和施工顺序安排是否合理；总工期是否符合合同要求；资源是否均衡，资源供应是否得以保障；施工机械是否被充分利用；等等。在检查完成后，编制人员要对不符合要求的部分进行调整。通常的做法是改变某些工程的起止时间或调整主导工程的工期。如果是网络计划，则可以分别进行工期优化、费用优化和资源优化。如果有必要，还可以改变施工方法、变更施工组织。

6.编制正式施工总进度计划

当初步施工总进度计划经过调整符合要求后，即可编制正式施工总进度计划。施工总进度计划要与施工部署、施工方案、主导工程施工方法等协调统一。此外，在计划实施过程中，相关人员应随时根据施工动态，对计划进行检查和调整，使施工总进度计划更科学、合理。

在正式施工总进度计划确定后，相关人员应以此为依据编制劳动力、大型施工机械等的需用量计划，以便组织供应，保证施工总进度计划的顺利实施。

四、单位工程施工进度计划的编制

具备独立施工条件并能形成有独立使用功能的建筑物或构筑物的工程即为单位工程。每一个单位工程，在开工前都必须编制详细的单位工程施工进度计划。

单位工程施工进度计划是在已经确定的施工方案的基础上，根据规定的工期和各种资源供应条件，按照组织施工的原则，对单位工程中的各分部分项工程的施工顺序、施工起止时间和搭接关系进行合理规划，并用图表表示的一种计划安排。

（一）单位工程施工进度计划的作用

单位工程施工进度计划对整个施工活动做出全面的统筹安排，其主要作用如下：

（1）控制单位工程的施工进度，保证单位工程在规定时间内完成施工任务，并保证工程质量。

（2）确定各施工过程的施工顺序、施工持续时间及相互搭接、配合关系。

（3）为编制季度、月度施工作业计划提供依据。

（4）为确定劳动力和其他资源需用量计划及编制施工准备计划提供依据。

（5）指导施工现场的施工安排。

（二）单位工程施工进度计划的分类

根据施工项目划分的粗细程度不同，单位工程施工进度计划可分为指导性进度计划和控制性进度计划。

1.指导性进度计划

指导性进度计划是按照分项工程或施工过程来划分施工项目的，其主要作用是确定各施工过程的施工顺序、施工持续时间及相互搭接、配合关系。指导性进度计划适用于施工任务具体而明确、施工条件基本落实、各项资源供应正常、施工工期不太长的工程。

2.控制性进度计划

控制性进度计划是按照分部工程来划分施工项目的,其主要作用是控制各分部工程的施工顺序、施工持续时间及相互搭接、配合关系。控制性进度计划适用于工程结构较复杂、规模较大、工期较长而需要跨年度施工的工程,也适用于规模不大或结构不复杂,但资源或施工情况随时变化的工程。

(三)单位工程施工进度计划的编制内容

单位工程施工进度计划的编制内容主要包括以下几点:

1.编制说明

编制说明主要是对单位工程施工进度计划的编制依据、指导思想、计划目标、关键线路节点、资源保证要求以及应重视的问题等做出的说明。

2.单位工程施工进度计划图

单位工程施工进度计划图即表示施工进度计划的甘特图或网络图。

3.单位工程施工进度计划的风险分析及控制措施

单位工程施工进度计划的风险分析应包括对技术风险、经济风险、环境风险和社会风险等的分析。单位工程施工进度计划的控制措施包括技术措施、组织措施、经济措施等。

(四)单位工程施工进度计划的编制依据

单位工程施工进度计划主要依据下列资料编制:①项目管理目标责任书;②施工总进度计划;③施工方案;④主要材料和设备的供应能力;⑤施工人员的技术素质、劳动效率;⑥施工现场条件、气候条件、环境条件;⑦已建成的同类工程实际进度、经济指标。

（五）单位工程施工进度计划的编制步骤

1.划分施工项目

相关人员应根据建筑风格特点、施工图纸和施工方案按施工顺序将拟建工程的各个施工项目列出，结合施工规模、条件等因素加以调整，并明确所划分施工项目的内容及范围。施工项目划分的粗细程度要根据计划的需要来决定。在通常情况下，如果编制控制性进度计划，其施工项目可划分得粗一些，一般列出分部工程的名称即可；如果编制指导性进度计划，施工项目就要划分得细一些，要明确分项工程的具体内容，以便指导施工、控制施工进度。在划分施工项目时，那些工程量大、工期长、施工复杂的项目和穿插配合的项目应考虑单独列项。同时，为避免施工项目划分过细导致主次不分，可考虑将施工项目适当合并，也可考虑将相邻施工过程合并。

2.确定施工程序

施工程序是单位工程中各分部分项工程的先后次序及其制约关系，它主要受施工工艺和施工组织两方面的制约。

在一般情况下，施工方案确定后，施工项目之间的工艺关系也就确定了。

施工项目之间的组织关系不是由工程项目本身决定的，不同的组织关系会产生不同的效果。通常，单位工程施工应遵循先地下后地上、先土建后设备、先主体后围护、先结构后装修等施工组织原则。

在确定施工程序时，应将工艺关系和组织关系结合起来，根据工程特点、技术组织要求、施工方案等确定施工项目间的顺序关系。

3.计算工程量

相关人员可根据施工图纸和工程量计算规则计算出所划分的各施工项目的工程量。在计算时，要结合施工方法和安全技术要求，使所计算的工程量与实际情况相符。工程量的计算应遵循现行相关文件的规定。当预算文件中施工项目的划分与施工进度计划一致时，可直接采用预算文件中的工程量；当预算文件中施工项目的划分与某些施工项目进度计划有所出入时，应结合工程实际情况加以修改或重新计算。

4.计算劳动量和机械台班数

根据所划分的施工项目、确定的施工程序、计算的工程量等，可以直接套用定额计算劳动量和机械台班数。在计算时，要先确定采用的施工定额。施工定额有时间定额和产量定额两种，二者在数值上互为倒数关系，二者可任选一种。在套用定额时，要根据施工单位的实际生产水平对现行施工定额相关规定中的数值加以调整，以使所计算的劳动量和机械台班数与实际相符，使施工进度计划更切合实际。对于相关规定中未列出的采用新工艺、新技术、新结构或特殊的施工项目，可参照类似工程项目的定额、经验资料或通过实测确定。

当某施工项目是由若干个分项工程合并而成时，要根据各分项工程的时间定额（或产量定额）和工程量，计算合并后的综合时间定额（或综合产量定额）。对于零星施工项目的劳动量，可根据施工单位的实际情况进行估算。

5.确定施工项目的持续时间

各施工项目的持续时间可根据施工项目所需要的劳动量或机械台班数以及该施工项目每班安排的工人数或配备的机械台班数等进行计算。

在安排每班工人数或机械台班数时，应注意以下问题：

第一，最小工作面要求。最小工作面要求，即保证各个施工项目上的施工班组中的每一个人拥有足够的工作面。进行施工安排时，不能无限制地增加工人数，否则会使工作效率下降。

第二，最小劳动组合要求。最小劳动组合要求，即要保证各个施工项目的工人数不低于正常施工时所需的最低限度人数。

对于机械台班数的确定也应满足上述要求。

6.编制初步单位工程施工进度计划

当施工项目、施工程序、工程量、施工项目持续时间等确定后，即可着手编制单位工程施工进度计划的初步方案。初步单位工程施工进度计划的编制方法主要有以下几种：

第一，直接安排法。这种方法是根据各施工项目持续时间、先后顺序和搭接的可能性，直接按经验在横道图上画出施工时间进度线。这种方法比较简单实用，但不一定能编制出最优方案。

第二，按工艺组合组织流水施工法。这种方法就是将各工艺组合最大限度地搭接，组织流水施工，是一种比较科学的方法。

第三，网络计划法。网络计划法是指用于工程项目的计划与控制的一项管理方法，产生于 20 世纪 50 年代。网络计划法是关键线路法和计划评审法的总称，是统筹法的重要组成部分。它是应用有向网络图来表达计划编排的一种方法。它能全面反映计划的任务或工程的整个流程以及各项工作之间的相互关系和进度，并通过时间参数的计算，找出关键线路和机动时间，便于对计划进行优化；也可利用计划反馈的各种信息加强管理和控制，取得可能达到的最优效果。网络计划法是一种有效的科学管理方法。

7.单位工程施工进度计划的检查与调整

当单位工程施工进度计划初步方案编制好后，要对其进行检查、调整，最终编制出正式的单位工程施工进度计划。

进度计划检查的内容主要有以下几点：①检查各施工项目的施工顺序、平行搭接和技术组织间歇是否合理；②检查总工期是否满足合同规定；③检查劳动力消耗是否满足连续、均衡施工的要求；④检查材料、机械等的利用是否均衡和充分。

第三节　施工进度控制

施工进度控制是施工进度管理的重要内容。

一、施工进度控制的内容

施工进度控制的内容主要包括事前控制、事中控制和事后控制三个方面。

（一）事前控制

事前控制主要包括以下几点：

（1）编制工程项目施工总进度计划。

（2）编制单位工程施工进度计划。

（3）编制工程项目施工进度实施细则。

（二）事中控制

事中控制主要包括以下几点：

（1）施工进度计划的贯彻和实施。

（2）进行施工进度记录。

（3）进行施工进度检查。

（4）分析施工进度偏差，对施工进度计划进行调整。

（5）向有关单位和部门报告施工进展情况。

（三）事后控制

事后控制主要包括以下几点：

（1）及时进行项目施工验收工作。

（2）处理进度索赔。

（3）整理资料，建立档案。

（4）加强验收管理。

二、施工进度控制目标

（一）施工进度控制总目标及其分解

保证工程项目按期建成交付使用，是工程施工进度控制的最终目标。为了有效控制进度，首先要对施工进度控制总目标从不同角度进行层层分解，形成施工进度控制目标体系。

施工进度控制总目标及其分解，如图 3-1 所示。

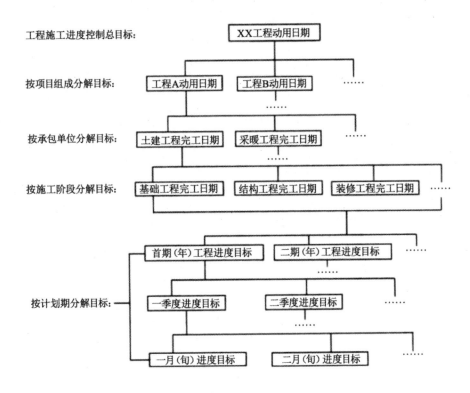

图 3-1 施工进度控制总目标分解图

从图 3-1 可以看出，工程不但要有动用日期这个总目标，还要有各种分目标。各目标之间相互联系，共同构成工程项目施工进度控制目标体系。下级目标要受上级目标的制约，下级目标保证上级目标，最终保证施工进度控制总目标的实现。

1.按项目组成分解，确定各单项工程开工及动用日期

各单项工程的进度目标在工程项目建设总进度计划、工程建设年度计划等中都有体现。在施工阶段，应进一步明确各单项工程开工和动用日期，以确保施工总进度目标的实现。

2.按承包单位分解，明确分工条件和承包责任

当多个单位承包一个单项工程时，应按承包单位将单项工程的进度目标分解，确定各承包单位的进度目标，列入承包合同，以便落实各承包单位的责任。

此外，还要根据各专业工程交叉施工方案和前后衔接条件，明确不同承包单位工作交接的条件和时间。

3.按施工阶段分解，划定进度控制分界点

根据工程项目的特点，工程施工可分成几部分，如土建工程可以分为基础工程、结构工程和装修工程等。每部分工程的起止时间都要有明确的标志。特别是不同单位承包不同部分工程时，更要明确时间分界点，以此作为进度的控制标志，从而明确单项工程的具体目标，更好地控制施工进度。

4.按计划期分解，组织综合施工

将工程施工进度控制目标按年度、季度、月（或旬）进行分解，并用实物工程量、货币工作量等表示，以使各承包单位明确自己的进度目标。计划期愈短，进度目标愈详细，进度跟踪就愈及时，出现进度偏差时也就更能及时采取有效措施。

（二）施工进度控制目标的确定

为了提高施工进度计划的预见性和施工进度控制的主动性，在确定施工进度控制目标时，必须全面、细致地分析与工程项目进度有关的各种有利因素和不利因素。

确定施工进度控制目标的主要依据是工程施工进度控制总目标对施工工期的要求、工期定额、类似工程项目的实际进度、工程难易程度以及工程条件的落实情况等。

在确定施工进度分解目标时，还应考虑以下几个方面：

第一，对于大型工程建设项目，应根据尽早提供可动用单元的原则，集中力量分期分批建设，以便尽早投入使用。

第二，合理安排土建与设备的综合施工。相关人员或部门可根据土建、设备各自的特点，合理安排土建施工与设备基础、设备安装的先后顺序及搭接、交叉或平行作业，明确设备工程对土建的要求等。

第三，结合工程的特点，参考同类工程建设的经验来确定施工进度控制目标，避免主观盲目确定施工进度控制目标，以免造成进度失控。

第四，做好资金供应能力、施工力量配备、物资（材料、构配件、设备）供应能力与施工进度需要等的平衡工作，确保施工进度控制目标得到落实。

第五，考虑工程项目所在地区的地形、地质、水文及气象等方面的限制条件。

三、施工进度控制的措施

施工进度控制的措施主要包括组织措施、技术措施、合同措施、经济措施和信息管理措施等。

（一）组织措施

施工进度控制的组织措施主要包括以下几个：

第一，建立施工进度控制体系，落实进度控制体系中施工单位、建设单位、监理单位、设计单位、材料供应单位、市政公用单位等部门的人员的具体任务、管理职责。

第二，建立进度协调工作制度，包括协调工作会议举行的时间、协调会议参加的人员等。

第三，建立进度控制计划审核制度，项目经理应对进度控制计划进行审核。

第四，风险因素分析，应及时对影响进度控制目标的风险因素进行分析。要根据统计资料，对各种风险因素影响进度的概率及进度拖延的损失值进行计算和预测，还应考虑到有关项目审批部门对进度的影响等。

第五，建立图纸审查制度，督促相关部门及时办理变更手续。

第六，建立进度控制检查制度和调度制度。

（二）技术措施

技术措施主要用以加快施工进度，施工进度控制的技术措施主要包括以下几个：

第一，采用先进的计划技术，如网络计划技术。

第二，尽可能组织流水施工，保证作业连续、均衡、有节奏。

第三，缩短各工序的作业时间，减少技术间歇。

第四，利用计算机等先进技术和设备进行进度控制。

（三）合同措施

施工进度控制的合同措施主要包括以下几个：

第一，分段合同的工期要与进度计划协调一致。

第二，严格控制合同变更，对各方提出的工程变更和设计变更，监理工程师应严格审查，并将变更内容及时补进合同文件中。

第三，在合同中充分考虑风险因素及其对进度的影响。

（四）经济措施

施工进度控制的经济措施主要包括以下几个：

第一，如果提前完工，则给予相关人员或部门奖励。

第二，如果需要紧急抢工，则要给予相关人员或部门合适的赶工费。

第三，按合同条款，对拖延工期的人员或部门给予处罚。

第四，对设备、材料等供应方给予资金保证。

第五，及时办理预付款及工程进度款支付手续。

第四节　BIM 与建筑工程施工进度管理

有效的施工进度管理是建筑工程项目工期目标得以实现的保证。施工单位通过细化建设单位提供的节点工期，优化资源限制条件下的需求安排，完善各分部分项工程的逻辑关系，编制工程项目的施工进度计划；此外，还需要在施工全过程持续开展计划进度与实际进度的检查、对比工作，及时发现施工过程中出现的偏差并分析偏差产生的原因，从而有针对性地采取控制措施，排除影响进度的因素，以保证工期目标的实现。

基于 BIM 的建筑工程项目施工进度管理是指施工单位以建设单位要求的工期为目标，基于 BIM 模型将建设单位及其他相关利益主体的需求信息集成到 BIM 模型成果中，并以此为基础进行工程分解、计划编制、进度跟踪、分析纠偏等工作。同时，项目的各个参与方可以在 BIM 平台上协同工作，共同控制施工进度。基于 BIM 的施工进度管理以 3D 模型为建设项目的信息载体，使建筑从业人员的工作对象的呈现方式不再局限于复杂、抽象的图形、表格和文字，更有利于各阶段、各专业相关人员的沟通和交流，也可以减少建设项目施工信息过载或流失带来的损失，提高建筑从业人员的工作效率及整个建筑行业的效率。

一、基于 BIM 的建筑工程施工进度计划编制

传统的施工进度管理不太重视施工现场准备工作，许多施工进度计划中并没有详细分解施工准备所包含的工作，多数情况只定义总的准备时间，缺少对这些工作的具体管理措施。而这些施工现场准备工作对工程是否能够按时开

工、按期竣工，对工程进度能否按照进度计划完成有着重要影响。

在建筑工程施工过程中，实体工作起重要作用，但非实体工作的作用也是不容忽视的。非实体工作是指在施工过程中不形成工程实体，但又必不可少的工作，如施工现场的准备、大型机械设备安拆、脚手架搭拆等工作。

基于 BIM 的施工进度计划编制，并不是完全摆脱传统的施工进度计划编制流程和方法，而是研究如何把 BIM 技术应用到施工进度计划编制工作中，从而更好地为施工进度计划编制人员服务。传统的施工进度计划编制工作主要包括工作任务分解、工作时间估算等内容。基于 BIM 的施工进度计划编制工作也包括这些内容，只是有些工作由于有了 BIM 的辅助变得相对容易。同时，新技术的应用也会对原有的工作内容、工作流程及工作方法带来变革。BIM 技术的应用使得施工进度计划的编制更加科学合理，减少了施工进度计划中存在的问题，提高了现场施工的效率和质量。基于 BIM 的施工进度计划的编制流程如图 3-2 所示。

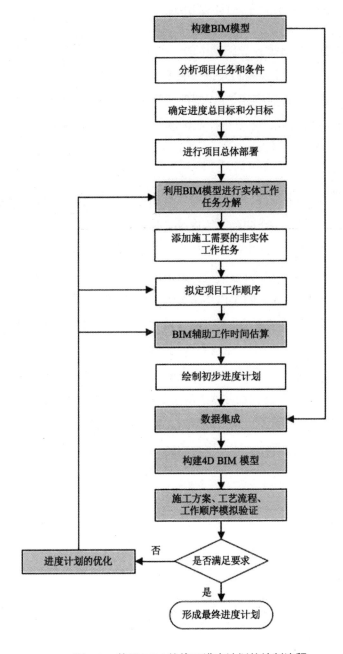

图 3-2 基于 BIM 的施工进度计划的编制流程

（一）基于 BIM 的工作任务分解

基于 BIM 的施工进度计划编制中的一项重要工作是建立 WBS（工作分解结构）。以往施工进度计划编制人员只能手工完成这些工作，现在则可以用相关的 BIM 软件辅助完成。利用 BIM 软件编制施工进度计划与传统方法最大的区别在于 WBS 分解完成后需要将作业进度、资源等信息与 BIM 模型图元信息进行链接。

1.WBS 分解

施工单位在项目实施前，需要明确项目的范围，进行范围管理。范围管理包括确定产品的范围和工作的范围等内容。明确产品的范围需要建立 PBS（产品分解结构），明确工作的范围需要建立 WBS。其中 PBS 是工程实体结构的分解，用于定义项目可交付的产品及产品的组成单元，是 WBS 的基础，而 WBS 是以项目可交付成果为导向的工作层级分解，是 PBS 的具体实现。PBS 决定了项目的 BOQ（工程量清单），而 BOQ 决定了项目各项工作的内容和范围。

WBS 是项目计划、实施、控制的基础。建立 WBS 是制定施工进度计划、资源供应计划、采购计划及控制项目变更的重要基础，可以有效提高项目管理水平。传统的 WBS 分解流程如图 3-3 所示。WBS 常用的分解方式主要有按项目实施过程分解、按平面或空间位置分解、按功能分解、按专业要素分解、按人力资源分解、按资源消耗分解、按合同结构分解、按可交付物分解等，具体如表 3-1 所示。

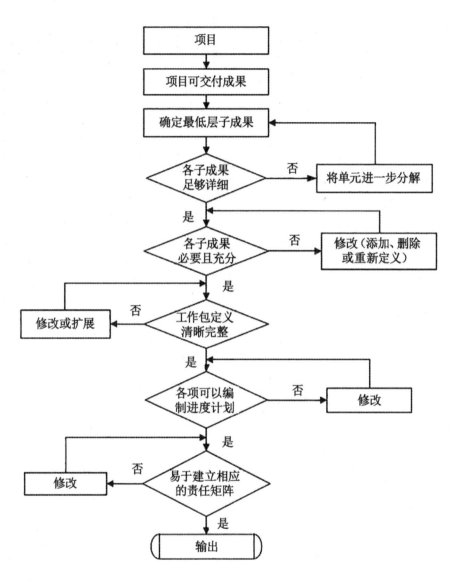

图 3-3 WBS 分解流程

表 3-1　WBS 常用分解方式

序号	分解方式	关注点	适用项目	分解示例
1	按项目实施过程分解	时间	单体或相似建筑施工工程	某项目按生命周期分为前期策划、设计、施工准备、施工、验收、运行等阶段
2	按平面或空间位置分解	空间	区域规划项目或空间上相对独立的工程	某项目分为商业区、居住区、公园绿地、道路交通等
3	按功能分解	用户	业主主导的项目	某项目划分为酒店、高尔夫球场、商店、影院等
4	按专业要素分解	专业性	涉及多专业的项目	某项目一级专业要素分为建筑、结构、给排水、电气、暖通、消防等
5	按人力资源分解	专业部门	部门制组织结构下的，人力资源具有不可替代性的项目	某炼钢项目分为炼铁、炼钢、轧钢、储运等
6	按资源消耗分解	成本	受原材料价格波动影响的项目	某项目划分为素混凝土工程、混凝土工程、砌块工程、门窗工程、钢结构工程等
7	按合同结构分解	现金流	有大量分包商的项目	某综合医院项目分为设计、土建施工、装饰装修、设备采购安装、材料供应等
8	按可交付物分解	目标	可交付物不易分割、其他方式不易分解的项目	某庆祝活动项目可分为接待工作、会场布置工作、安全保卫工作、服务工作等

　　WBS 分解的结果应包括实体完成需要的所有工作。以单位工程为例，其 WBS 分解结构应包括建造工程实体需要的实体工作和非实体工作。考虑施工进度计划编制的需要，在分解时，相关人员应参照建筑工程分部（子分部）工程、分项工程的结构形式，采用按工作位置、专业、施工过程的综合分解方式进行 WBS 分解，上层按工作流程分解，下层按工作内容分解。土方开挖及回填、地基处理、基坑支护及模板支设等工作与工程实体联系相对比较紧密，应并入实体工作。单位工程 WBS 分解结构如图 3-4 所示。

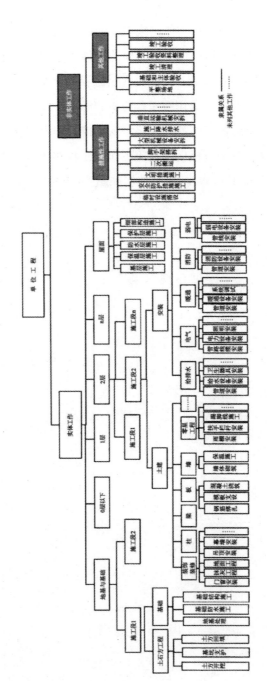

图 3-4　单位工程 WBS 分解结构

2.基于 BIM 的 WBS 分解流程和方式

基于 BIM 的 WBS 分解流程与传统 WBS 分解相似，都是以工程实体为分解对象。二者的区别在于 BIM 可将分解实体直接呈现，在模型属性界面全面定义工作包，工作包可以同管理层次、管理人员、CBS（费用分解结构）、RBS（资源分解结构）等直接对应。

目前，利用 BIM 软件构建的 BIM 模型主要是工程实体模型，它决定了工程 PBS 的范围和内容。传统的 WBS 分解是先明确项目的 PBS 分解结构，再根据 PBS 进行项目的 WBS 分解。基于 BIM 的 WBS 分解要解决的问题就是如何利用 BIM 模型实现 WBS 分解，而不再通过手工建立项目的 PBS 分解结构来实现 WBS 分解。对于一些大型、复杂的建筑来说，这样做可以提高 WBS 分解和施工进度计划编制工作的效率。

从施工进度计划编制的角度进行 WBS 分解，不同层级的施工进度计划需要的 WBS 分解详细程度不同。下面，笔者主要从单位工程施工进度计划编制的角度，研究基于 BIM 的 WBS 分解的实现方式和流程。基于 BIM 的 WBS 分解应考虑后续的 4D、5D 施工模拟中施工进度计划的展示，应当综合以工作位置、施工过程和专业的分解方式进行 WBS 工作分解。

基于 BIM 的单位工程 WBS 分解可以利用 BIM 模型在算量软件中计算各项工作的工程量，并分层导出工程量清单，然后根据工程量清单进行 WBS 分解。在列工程量清单时，同一类构件或同一类工作由于项目名称或项目特征不同需要分开列项。而在编制施工进度计划时，并不需要将工作分解得如此详细，还需要对清单中的同一类构件或同一类工作进行合并。某些构件的施工过程包括若干重要工作，因此在施工进度计划中，要细化其分工。比如，对于钢筋混凝土构件施工来说，在编制施工进度计划时需要将其分为钢筋绑扎、模板支设与混凝土浇筑。如今，根据 BIM 模型输出的工程量清单进行 WBS 分解主要是实体工作和部分非实体工作，并不能包含项目建造需要的所有工作。

下面，笔者以某国际中学学生宿舍项目土建施工为例，研究根据 BIM 模型输出的工程量清单进行 WBS 分解的方式。

（1）分层统计工程量，导出各层的工程量清单

编制单位工程施工进度计划，并不需要导出所有构件的工程量清单，可设置过滤条件导出特定构件的工程量清单。比如，散水、坡道、雨篷等零星构件，其工作任务要安排在非关键路线上，可以在分部分项施工进度计划或者周施工进度计划中详细安排。

（2）对各层工程量清单进行处理，形成初步 WBS 分解表

首先，对同一类构件或同一类工作进行合并。相关人员可将项目名称相同的清单项进行合并。在合并时，应注意以下几点：项目名称列只提取项目名称，加上各层编号，删除项目特征；现浇构件与预制构件要分开合并；对预制构件进行标明；保留序号、项目名称、计量单位、工程量等列；等等。此外，还应根据下列几点对合并后的工程量清单进行处理：

第一，对于同一类构件，由于截面、形状、类型等不同，项目名称不同，可将其再次合并，项目名称只保留构件类别和楼层编号，将各项工程量叠加。例如，一层矩形柱、一层异形柱合并为一层柱，一层砌块墙、一层实心砖墙、一层填充墙合并为一层墙砌体。若本层同类构件的项目名称只有一个，则可不改变项目名称。

第二，对于同一类工作，由于所在的构件或位置不同，项目名称不同，可分别列项，但在编制单位工程施工进度计划时，只需将这类工作列出一项即可。因此，对同一类工作不同项目名称的清单项进行合并是很有必要的。在合并时，项目名称只保留工作类别和楼层编号。例如，一层墙面一般抹灰、一层柱面一般抹灰、一层天棚一般抹灰，可合并为一层一般抹灰。

第三，调整合并后的清单项的顺序。经上述合并处理后的工程量清单是按照分部分项工程的顺序排列的，为了使得编制成的施工进度计划更加清楚地呈现，须按照施工过程对其顺序进行一定的调整。

其次，将处理完成的各层工程量清单表进行整合，形成初步的 WBS 分解表。除基础层和屋面层外，将其余层的同一类构件或同一类工作整合到一起。

最后，对部分构件的施工过程进行细化，并进行合并处理。对于现浇钢筋

混凝土构件来说，其施工过程主要包括钢筋绑扎、模板支设、混凝土浇筑等。一般每层现浇混凝土构件施工过程为柱墙钢筋绑扎、柱墙模板支设、梁板模板支设、梁板钢筋绑扎、墙柱梁板混凝土浇筑。因此，不能单纯只进行细化，还应根据实际施工过程进行调整。在细化后，钢筋的工程量可借助结构建模软件统计，模板的工程量可通过设置过滤条件借助建筑建模软件统计。

（3）添加工程建造需要的非实体工作，形成最终 WBS 分解表

WBS 分解表中的各项工作除了实体工作，还有非实体工作。应考虑添加的非实体工作如表 3-2 所示。

表 3-2　应考虑添加的非实体工作

工作分类	具体内容
措施性工作	脚手架搭拆、大型机械设备安拆、垂直运输机械安拆、施工降水排水、临时设施搭设
其他非实体工作	平整场地、基础验收、主体验收、竣工清理、竣工验收

在 WBS 分解完成后，相关人员应将 WBS 分解表应保留序号和项目名称两列。然后，根据工程量、企业定额或工程经验等估算各项任务所需的人工工日和机械台班的数量，作为工作任务的初始时间，添加工作时间列，也可以将 WBS 分解表导入施工进度计划编制软件后再添加工作时间信息。

上述利用工程量清单编制项目 WBS 分解表的流程如图 3-5 所示。但是目前这个流程主要还是人工进行处理，工作相对比较烦琐。如果能够开发相应的软件来实现上述流程，则能改变传统人工编制 WBS 的方式，减少施工进度计划编制人员的工作量，提高 WBS 编制效率。

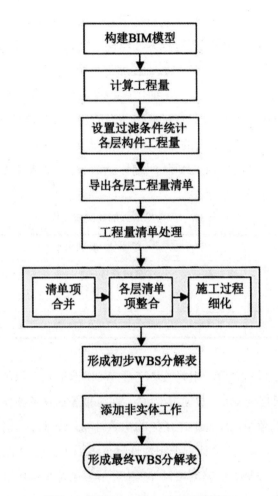

图 3-5　基于 BIM 的 WBS 分解流程

　　基于 BIM 的施工进度计划编制与传统的施工进度计划编制最大的不同就是能够进行 4D 施工模拟，因此每项工作任务都应有对应的模型构件。然而，目前的 BIM 建模软件还不能实现对所有的施工任务进行建模。不适合用模型构件表达的工作主要有基础验收、主体验收、竣工清理和竣工验收等。在进行 4D 施工模拟时，人们目前主要是利用工程实体模型进行实体工作过程模拟。因此，可以从施工模拟的角度分析 BIM 实体模型需添加的构件内容，使得施工进度计划中的各项施工任务可以和对应的构件关联，以更好地实现施工过程的 4D 模拟。

（二）基于 BIM 的工作时间估算

借助 BIM 估算工作时间的工作内容包括计算工程量和套取企业定额。

工程量的计算主要是利用算量软件通过设置统计的过滤条件来计算特定区域某类工作的工程量，如图 3-6 所示。目前，算量软件主要统计实体工作的工程量，非实体工作的工程量可在施工软件完成统计。

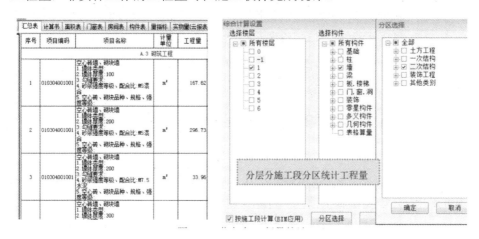

图 3-6　工作任务工程量统计

实体工作时间可以在造价软件中通过套取企业定额的方式，进行初步估算。对于非实体工作，除脚手架工程可在软件中套取定额外，其余主要是根据工程经验估算持续时间。目前，大部分施工企业并没有编制企业定额，计划编制人员主要在 BIM 统计的工程量基础上依靠经验数据估算工作时间，或者参照当地的施工定额估算时间。图 3-7 所示为鲁班造价软件统计的某中学学生宿舍 1 层混凝土柱施工所需的人工工日量。

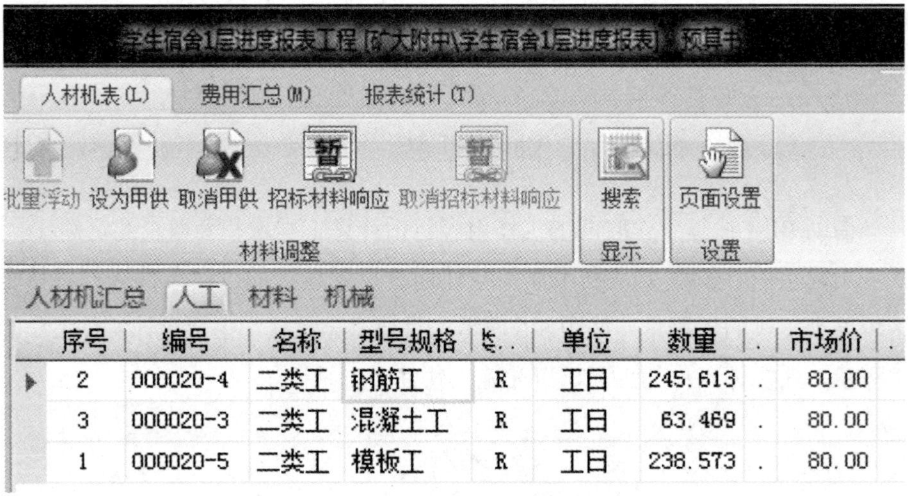

图 3-7　人工工日需要量统计

二、基于 BIM 的建筑工程施工进度计划优化

　　利用 BIM 优化施工进度计划不仅可以实现对施工进度计划的直接或间接深度优化，还能找出施工过程中可能存在的问题，保证优化后施工进度计划能够得到有效实施。基于 BIM 的建筑工程施工进度计划优化流程如图 3-8 所示。

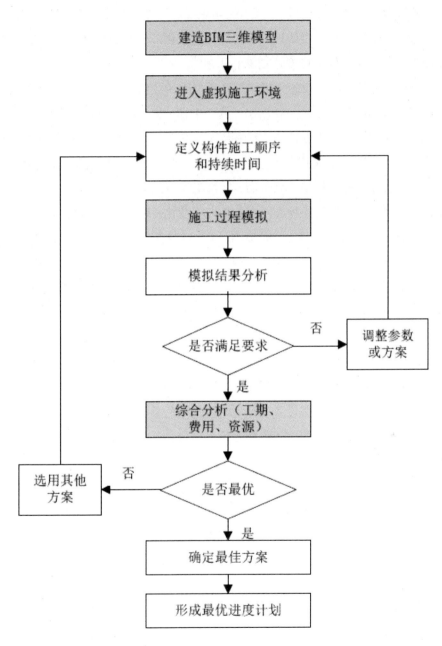

图 3-8　基于 BIM 的建筑工程施工进度计划优化流程

　　基于 BIM 的施工进度计划深度优化主要是利用 BIM 技术对施工方案、工艺流程、施工现场临时设施规划安排等进行优化，从中找出问题，并依此做出相应调整，以保证施工进度计划顺利实施。

　　下面，笔者以临时设施为例讲解基于 BIM 的建筑工程施工进度计划优化。

　　施工现场的临时设施包括塔吊、施工电梯、生活办公用房、临时道路、钢筋模板加工车间、现场围挡等，对临时设施的规划一般在施工总平面布置图中完成。根据项目总体施工部署，施工现场总平面布置图一般包括基础工程施工总平面、主体结构工程施工总平面、装饰工程施工总平面等内容。在不同的施工阶段，现场临时设施的种类及布置会发生变化。以往，许多施工进度计划对施工前施工现场布置涉及的临时设施只有一个大概安排，对塔吊、施工电梯等施工阶段涉及的临时设施往往没有安排，这不利于施工进度计划的实施。

　　在对施工进度计划进行优化时应考虑临时设施，否则再好的施工进度计划也可能因临时设施规划不当而无法顺利实施。

　　基于 BIM 的临时设施规划，不仅包括时间上的规划，还包括空间上的规划。此外，对一些施工机械设备的规划还包括设备的选型、进场路线、工作路线等的规划。一般来说，大型的施工机械设备都是租赁的，通过 BIM 技术进行施工模拟，可以减少机械设备的租赁时间，节约施工成本。

　　下面，笔者以塔吊和施工电梯为例，研究如何基于 BIM 实现临时设施施工进度计划的优化。

　　对于大型工程来说，塔吊是必不可少的工程机械设备，它的运行范围和位置一直都是工程项目计划和场地布置的重要考虑内容。在 BIM 技术出现之前，相关人员往往都是利用图纸进行测量计算，或者在现场观察塔吊运行情况然后结合相关数据进行计算。利用 BIM 软件可建造塔吊模型，从而模拟一个或多个塔吊的工作状态，准确判断各台塔吊的行止位置，避免塔吊的相互干扰，指导塔吊安全运行，同时不影响现场施工，节约工期和能源，优化施工进度计划。

　　施工电梯布置的好坏对施工进度有着决定性的影响。如果能充分合理地利用施工电梯，就可以减少垂直运输所消耗的时间，尤其是在砌体结构、机电和装饰 3 个专业混合施工时。在策划施工电梯方案时，考虑的主要因素就是施工电梯的荷载、运输通道、高度以及数量等。以往的做法都是参照已建工程的经验数据，而这些数据是否真实可靠，是否适合本工程，却无从验证，只有在项目实施后才能分析确认，可能造成运能的浪费。利用 BIM 软件构建建筑的 BIM 模型，可统计整个项目施工高峰期和平稳期的材料及劳动力数据，进行模拟计算，从而较为准确地对方案的可行性、合理性进行判断，指导安全施工。借助 BIM 模型进行可视化的动态模拟，可以判断施工电梯所在的位置、与建筑物主体的连接关系、与人流物流的疏散通道的关系等，避免碰撞的发生，从而合理确定电梯的拆除时间、方案等，优化施工进度计划。

在应用 BIM 技术之前，当施工进度计划发生变更时，临时设施的进出场时间很难及时调整。在应用 BIM 技术后，施工方可借助 BIM 施工模拟解决这些问题，根据施工进度计划调整临时设施的进出场时间，提高调配效率，节约施工成本，保证调整优化后的施工进度计划顺利实施。

三、基于 BIM 的建筑工程施工进度控制

传统的建筑工程施工进度控制主要是利用收集到的进度数据进行计算，并以二维的形式展示计算结果，根据进度数据、工程经验安排相关工作。基于 BIM 的建筑工程施工进度控制可以对调整后的施工进度计划进行可视化模拟，分析调整方案是否科学合理。基于 BIM 的建筑工程施工进度控制，结合传统的施工进度控制方法，利用 BIM 技术特有的可视化动态模拟分析优势，对施工进度进行全方位、精细化的控制。基于 BIM 的建筑工程施工进度控制的流程如图 3-9 所示。

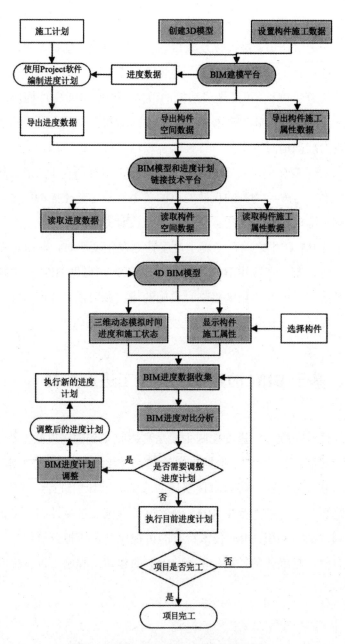

图 3-9　基于 BIM 的施工进度控制流程

（一）基于 BIM 的施工进度跟踪

基于 BIM 的施工进度跟踪的关键是采集施工进度信息。在项目实施阶段，施工单位、监理单位等各参建方的进度管理人员可以充分利用各种手段对现场的进度信息进行采集更新，然后根据采集的信息更新 BIM 模型。施工进度信息采集的手段主要有人工更新和现场自动监控两种。

1.人工更新

相关人员可以利用便携式设备的摄像功能对工程部位进行拍照或摄影，并与 BIM 进度管理模块中的 WBS 工序进行关联。比如，施工进度管理人员可以用鲁班的 iBan 软件上传照片，并与 BIM 模型中相应的部位进行关联，也可以上传语音对现场施工情况进行补充说明。

2.现场自动监控

现场自动监控主要包括利用视频监控设备、三维激光扫描仪等采集施工进度信息，使施工进度管理人员不用到现场也能实时掌握现场进度。现场自动监控流程如下：

第一，利用 GPS（全球定位系统）定位或者现场测量定位，确定工程项目所在坐标。

第二，确定现场部署的各种监控设备的控制点坐标，在控制点上架设视频监控设备、三维激光扫描仪等实现工程施工过程全时段的监控，实时采集监控信息。

第三，通过网络将监控数据进度跟踪与控制系统进行分析处理，生成关键时间节点项目现状的全景图，并将其与 BIM 计划进度模型进行对比分析，计算工程的实际完成情况，准确衡量施工进度。

施工进度管理人员通过实时上传的图片或视频数据、三维激光扫描数据以及人工表单数据等，对实际进度做出判断并及时调整进度。

（二）基于 BIM 的施工进度对比分析

实际进度与计划进度的对比分析是施工进度控制工作非常重要的一个环节。只有进度的对比分析准确，相关人员才能知道实际的施工进度情况，才能决定是否调整原施工进度计划，才能明白该采取什么样的措施进行有效控制。施工进度对比分析不准确，将严重影响施工进度计划的执行和实际工作的开展。BIM 技术及相关软件的应用，有助于施工进度对比工作的开展。

基于 BIM 的施工进度对比分析一般是综合利用甘特图、进度曲线以及 BIM 模型等进行。基于 BIM 的 4D 模型可以同时显示几种颜色，这有助于实际进度与计划进度的对比分析。相关人员可以将不同内容设置为不同颜色，实现实际进度和计划进度的清晰对比。比如，可以将甘特图中的计划进度条和实际进度条设置成不同颜色，进行计划进度与实际进度的对比，再结合现场实际情况，发现具体实施过程中的进度偏差。

（三）基于 BIM 的施工进度计划调整

在利用 BIM 技术对实际进度与计划进度对比分析后，如果发现出现进度偏差，就要采取相应措施，对后续工作的施工进度计划做出调整。

为避免进度偏差对项目整体进度带来的不利影响，需要不断调整项目的局部目标。施工进度计划的调整一般是通过工期优化来进行的，主要的调整方法有如下几个：

1.缩短关键线路工作的持续时间

为了缩短关键线路工作的持续时间，可以增加人力、设备，也可以让工作人员提高工作效率，延长工作时间等。缩短关键线路工作的持续时间，往往会引起资源需要量的增加，可能会带来新的矛盾，因此还应对非关键工作进行科学合理的组织。

2.合理改变某些工作间的逻辑关系

合理改变某些工作间的逻辑关系，可通过改变施工作业方式、合理安排工程项目的施工顺序等来实现。若要改变施工作业方式，应尽量组织流水施工，不便组织流水施工时，也尽可能地组织搭接施工。如果需要赶工，则可以对关键工作组织平行施工，从而合理改变某些工作间的逻辑关系。合理安排工程项目的施工顺序的方法主要是针对无工艺技术逻辑关系的工作。通过对这些工作安排最合理的施工顺序，可以合理改变某些工作间的逻辑关系。

对施工进度计划的调整，离不开对未完成工作的安排。首先，施工进度管理人员通过采用不同方法对施工进度计划进行调整，并根据实际施工情况修改 BIM 施工模型；其次，根据调整后的施工进度计划和 BIM 模型的修改情况，重新修正逻辑关系，并再次模拟；最后，分析调整后的施工进度计划是否合理，工作间的逻辑关系、施工顺序是否有错、施工工作面是否合理等，选择更合理的施工进度计划，并重新安排未完成的工作。

随着社会进步、经济发展和技术创新，现代建筑日趋大型化、复杂化，工程项目进度控制问题更加复杂，对施工进度管理水平的要求也更高。传统的进度管理技术、手段等具有一定的局限性，使得计划执行难、进度管控难，导致进度延误的情况时常发生。BIM 技术作为一个共享的知识资源，包含了建筑项目全生命周期所有物理和功能特性的数字化表达，它的出现为项目管理理论和技术的发展提供了新的思路，弥补了传统进度管理的不足，提升了进度管理的水平。BIM 技术的应用解决了传统进度管理中计划和实体分离、项目信息丢失严重以及进度跟踪控制困难等问题，有助于实现施工进度的精细化管理，提高施工方的施工管理水平。笔者相信，随着 BIM 技术的不断发展，BIM 技术在施工进度管理方面的应用会更加深入、广泛。

第四章 基于 BIM 的
建筑工程造价管理

第一节 工程造价管理概述

一、工程造价的概念和特点

（一）工程造价的概念

工程造价是工程建造价格的简称，是工程价值的货币表现，是以货币形式反映的工程施工活动中耗费的各种资金的总和。从不同角度分析，工程造价有两种不同的含义。

一是从投资者（业主）的角度分析，工程造价是指建设一项工程预期开支或实际开支的全部固定资产投资费用。投资者为了获得投资项目的预期效益，就需要对项目进行策划、决策及实施等一系列投资管理活动。在这一系列活动中所花费的全部资金，就构成了工程造价。从这个意义上讲，工程造价就是建设工程项目固定资产的总投资。

二是从市场交易的角度分析，工程造价是指为建成一项工程，在工程承发包交易活动中形成的建筑安装工程费用或建设工程总费用。该含义是指以建设工程这种特定的商品形式作为交易对象，通过招投标或其他交易方式，在进行多次预估的基础上，最终由市场形成的价格。它是由需求主体（投资者）和供给主体（建筑商）共同认可的价格。

工程造价的两种含义实质上就是从不同角度把握同一事物的本质。在市场经济条件下，对投资者来说，工程造价就是项目投资，是购买工程项目要付出的价格；同时，工程造价也是投资者作为市场供给主体，出售工程项目时确定价格和衡量投资经济效益的依据。对于承包商、供应商、设计机构等来说，工程造价是他们作为市场主体出售商品和劳务价格的总和，或者特指范围的工程造价，如建筑安装工程造价。

（二）工程造价的特点

工程造价主要有以下特点：

1.复杂性

工程造价涉及多个专业领域，如建筑、结构、给排水、电气等，每个专业领域都有其特定的技术和要求。因此，工程造价需要综合考虑各个专业领域的影响，具有一定的复杂性。

2.差异性

每一项建设工程有特定的用途，具有不同的功能和规模，其对结构、造型、装饰装修等也有不同的要求。这也决定了不同建设工程的造价是有一定差异的。

3.动态性

一项建设工程从策划到竣工交付使用，是需要一定时间的。工程建设的不同阶段存在着许多不同的影响工程造价的因素。例如，设计阶段的设计变更、施工阶段的材料和设备价格调整等，都会对工程造价有所影响，因此工程造价具有动态性。

4.风险性

工程造价涉及工程建设的成本和效益，因此存在一定的风险性。例如，材料价格波动、劳动力成本变化等因素都可能对工程造价产生影响，从而影响工程的效益。

二、工程造价管理的含义

工程造价管理有两种含义：一是建设工程投资费用管理；二是建设工程价格管理。

建设工程投资费用管理，属于工程建设投资管理范畴。它是指为了实现投资的预期目标，在拟定规划、设计方案的条件下，计算、确定和监控工程造价及其变动的系统活动。

建设工程价格管理，属于价格管理范畴，是生产企业在掌握市场价格信息的基础上，为实现管理目标而进行的成本控制、计价、定价和竞价的系统活动。

许多学者认为，建设工程造价管理是指有效利用专业知识与技术，对资源、成本、盈利和风险进行筹划和控制的活动。

三、工程造价管理的内容

（一）工程造价管理的基本内容

工程造价管理的基本内容包括工程造价合理确定和有效控制两方面。

1.工程造价的合理确定

工程造价的合理确定，就是在工程建设的各个阶段，采用科学的计算方法和切合实际的计价依据，合理确定投资估算、设计概算、施工图预算、承包合同价、结算价等。

2.工程造价的有效控制

工程造价的有效控制，是指在投资决策阶段、设计阶段、施工阶段等，把建设工程造价控制在批准的造价限额之内，随时纠正发生的偏差，以保证项目管理目标的实现，以求在各个建设项目中能合理使用人力、物力、财力，取得较好的投资效益和社会效益。

（二）工程造价管理的主要内容

在工程建设全过程各个不同阶段，工程造价管理有着不同的工作内容。工程造价管理的目的是在优化建设方案、设计方案、施工方案的基础上，有效控制建设工程项目的实际费用支出。

1.工程投资决策阶段

在工程投资决策阶段，工程造价管理的主要内容有：按照有关规定编制和审核投资估算，经有关部门批准，其可作为拟建工程项目的控制造价；基于不同的投资方案进行的经济评价，可作为工程项目决策的重要依据。

2.工程设计阶段

在工程设计阶段，工程造价管理的主要内容是在限额设计、优化设计方案的基础上编制和审核工程概算、施工图预算。对于政府投资工程而言，经有关部门批准的工程概算是拟建工程项目造价的最高限额。

3.工程招投标阶段

在工程招投标阶段，工程造价管理的主要内容是进行招标策划，编制和审核工程量清单、招标控制价或标底，确定投标报价及其策略，直至确定承包合同价。

4.工程施工阶段

在工程施工阶段，工程造价管理的主要内容是进行工程计量、工程款支付管理，实施工程费用动态监控，处理工程变更和索赔。

5.工程竣工阶段

在工程竣工阶段，工程造价管理的主要内容是编制和审核工程结算、编制竣工决算等。

四、工程造价管理的组织系统

工程造价管理的组织系统是指为了实现工程造价管理目标而进行有效组织活动及与造价管理功能相关的有机群体。它是工程造价动态的组织活动过程和相对静态的造价管理部门的统一。

（一）住房和城乡建设部标准定额司

中华人民共和国住房和城乡建设部标准定额司是中华人民共和国住房和城乡建设部的内设机构，是建设行业的国家主管机构。住房和城乡建设部标准定额司组织拟订工程建设国家标准、全国统一定额、建设项目评价方法、经济参数和建设标准、建设工期定额、公共服务设施（不含通信设施）建设标准；拟订工程造价管理的规章制度；拟订部管行业工程标准、经济定额和产品标准，指导产品质量认证工作；指导监督各类工程建设标准定额的实施；拟订工程造价咨询单位的资质标准并监督执行。

住房和城乡建设部标准定额司在全国范围内行使管理职能，其在工程造价管理工作方面承担的主要职责如下：

（1）组织制定工程造价管理有关法规、制度并组织贯彻实施。

（2）组织制定全国统一经济定额和制定、修订本部门经济定额。

（3）监督指导全国统一经济定额和本部门经济定额的实施。

（4）制定工程造价咨询企业的资质标准并监督执行，制定工程造价管理专业技术人员执业资格标准。

（5）负责全国工程造价咨询企业资质管理工作，审定全国甲级工程造价咨询企业的资质。

（二）省级造价管理站

省级造价管理站又称省级建设工程造价管理总站，是负责全省造价管理工作的专门机构，隶属各省（直辖市、自治区）住房和城乡建设厅管理。随着建设市场的繁荣发展，它的管理职能已经从定额管理发展成为全方位多层次的工程造价管理，涉及的工作包括：本省（直辖市、自治区）概预算定额的编制、修订；工程造价信息和指数的测定和发布；造价从业人员和造价咨询单位管理及信息化管理和计算机软件的推广应用；等等。

省级建设工程造价管理总站的主要职能如下：

（1）贯彻执行国家建设工程造价管理方针、政策和法规，协助拟订本省（自治区、直辖市）工程造价、定额、计价方面的方针、政策和法规、规章及发展规划；指导全省（自治区、直辖市）建设工程造价管理机构的业务工作。

（2）负责本省（自治区、直辖市）建设工程造价标准规范、工程建设计价依据、建设项目经济评价方法和参数的编制、修订、解释等具体工作；负责建设工程造价管理和工程建设定额、计价的培训、解释、仲裁、管理工作；指导、监督和检查工程建设定额、计价的执行。

（3）负责工程造价信息发布和管理的具体工作；指导和推进全省（直辖市、自治区）建设工程造价信息化的建设；制定工程造价指数、指标，指导建设工程估算、概算、预算、招标控制价及投标报价的编制；收集建设市场人工、材料、机械台班价格，定期发布工程造价信息；补充计价依据。

（4）指导编制建设工程估算、概算、结算等工程造价文件，组织检查建设工程估算、概算、结算等工程造价文件编制的质量。

（5）负责省（自治区、直辖市）管和中央托管建设项目的初步设计概算审核工作。

（6）调解建设工程造价纠纷。

（7）参与工程造价咨询企业资质条件情况核查工作。

（三）市级造价管理站

市级造价管理站又称市建设工程造价管理站，直属各市住房和城乡建设委员会，是负责市建设工程造价管理工作的事业单位。通常，市建设工程造价管理站内设有建筑定额部、市政安装定额部、材料价格信息部、审价部等职能科室。

市建设工程造价管理站的主要职能如下：

（1）贯彻执行国家与省级有关建设工程造价管理的法律法规和方针政策，制定工程造价管理办法，并监督检查。

（2）编制本市建设工程人工、机械调整系数及材料价格，定期发布、制定建筑材料价格的调整办法；开展建筑工程技术经济分析，发布工程造价指数。

（3）负责本市造价执业人员的管理、施工企业取费证的管理和造价单位的资质初审。

（4）规范工程计价行为及从业人员的行为准则，负责全市工程计价从业人员资格的监督管理工作。

（四）行业协会管理系统

工程造价行业协会管理系统主要是指国家建设工程造价管理协会和地方建设工程造价管理协会，它是政府与企业间管理的桥梁和纽带。

1.国家建设工程造价管理协会

国家建设工程造价管理协会即中国建设工程造价管理协会。中国建设工程造价管理协会是由从事工程造价咨询服务与工程造价管理的单位及具有注册资格的造价工程师和资深专家组成的全国性的工程造价行业协会。

中国建设工程造价管理协会的业务范围包括：

（1）研究工程造价管理体制改革、行业发展、行业政策，向国务院建设行政主管部门提出建议。

（2）承担工程造价咨询行业和造价工程师执业资格及职业教育等具体工作；研究提出与工程造价有关的规章制度及工程造价咨询行业的资质标准、合同范本、职业道德规范等行业标准，并推动实施。

（3）代表我国造价工程师组织开展国际交流与合作。

（4）建立工程造价信息服务系统，编辑、出版有关工程造价方面的刊物和参考资料，组织交流和推广工程造价咨询先进经验。

（5）受理关于工程造价咨询执业违规的投诉，配合国务院建设行政主管部门进行处理。

（6）指导各专业委员会和地方建设工程造价管理协会的业务工作。

2.地方建设工程造价管理协会

地方建设工程造价管理协会的业务范围包括：

（1）研究各省（直辖市、自治区）工程造价的理论、方针、政策，向政府提出省（直辖市、自治区）内工程造价改革与发展的政策性建议，促进现代化管理技术在工程造价行业的运用与推广。

（2）接受政府部门委托，承担工程造价咨询业、工程造价软件业和工程造价专业人员的日常管理工作；建立省（自治区、直辖市）内工程造价咨询单位和造价工程师的信息数据。

（3）贯彻实施和监督工程造价咨询单位执业行为准则和造价工程师职业道德行为准则，受理工程造价咨询业中的执业违规的投诉。

（4）代表各省（自治区、直辖市）工程造价咨询业、造价工程师开展业务交流，推广工程造价咨询与管理方面的先进经验。

五、工程造价管理的原则

实施有效的工程造价管理，应遵循以下三项原则：

（一）以设计阶段为重点的全过程造价管理

工程造价管理贯穿工程建设全过程，关键在于投资决策和设计阶段。

长期以来，我国大部分建设单位都将控制工程造价的主要精力放在施工阶段——审核施工图预算、结算建筑安装工程价款，对工程项目投资决策和设计阶段的造价控制重视不够。为有效控制工程造价，建设单位应将工程造价管理的重点转到工程项目投资决策和设计阶段。

（二）主动控制与被动控制相结合

长期以来，人们一直把控制理解为目标值与实际值的比较，以及当实际值偏离目标值时，分析其产生偏差的原因，并确定下一步对策。但这种立足于调查—分析—决策基础之上的偏离—纠偏—再偏离—再纠偏的控制是一种被动控制，这样做只能发现偏离，难以预防可能发生的偏离。为尽量减少、避免目标值与实际值的偏离，还必须事先主动采取控制措施，实施主动控制。也就是说，工程造价控制要将主动控制与被动控制相结合。

（三）组织、技术与经济相结合

有效地控制工程造价，应从组织、技术、经济等多方面采取措施。从组织上采取措施，包括明确项目组织结构，明确造价控制人员及其任务，明确管理职能分工；从技术上采取措施，包括重视设计方案选择，严格审查技术设计、施工图设计、施工组织设计等，深入研究节约投资的可能性；从经济上采取措施，包括动态比较造价的计划值与实际值，严格审核各项费用支出，奖励节约投资等。相关人员应通过技术比较、经济分析和效果评价，正确处理技术先进与经济合理之间的关系，力求在技术先进条件下的经济合理、在经济合理基础上的技术先进，将控制工程造价观念渗透到各项设计和施工技术措施之中。应该看到，组织、技术与经济相结合是控制工程造价最有效的手段。

六、我国工程造价的计价模式

目前，我国建设工程造价的计价模式包括定额计价与工程量清单计价两种模式。

（一）定额计价

我国的定额计价模式是采用国家、部门或者地区统一规定的定额和取费标准进行工程造价计价的模式，有时也称为传统计价模式。在定额计价模式下，建设单位和施工单位均应先根据预算定额中规定的工程量计算规则、定额单价计算工程直接费，再按照规定的费率和取费程序计算间接费、利润和税金，汇总得到工程造价。其中，预算定额既包括消耗量标准，又含有单位估价。工程定额计价的基本程序如图 4-1 所示。

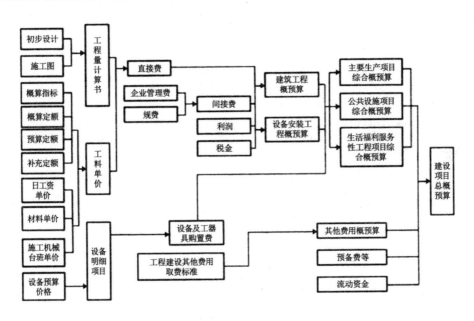

图 4-1　定额计价的基本程序示意图

定额计价模式对我国建设工程的投资计划管理和招投标起到过很大的作用，但也存在着一些缺陷。该模式的工、料、机消耗量是根据"社会平均水平"综合测定的，取费标准是根据不同地区价格水平平均测算的，企业自主报价的空间很小，难以结合项目具体情况、自身技术管理水平和市场价格自主报价，也不能满足招标人对建筑产品质优价廉的要求。同时，由于工程量计算由招投标的各方单独完成，计价基础不统一，不利于招标工作的规范性。在工程完工后，工程结算烦琐，易引起争议。

（二）工程量清单计价

工程量清单计价是一种区别于定额计价的新的计价模式，有广义与狭义之分。

狭义的工程量清单计价是指在建设工程招投标中，由招标人或其委托具有资质的中介机构编制、提供工程量清单，由投标人对招标人提供的工程量清单进行自主报价，通过市场竞争定价的一种工程造价计价模式。

广义的工程量清单计价是指依照建设工程工程量清单计价规范等，通过市场手段，由建设产品的买方和卖方在建设市场上根据供求关系、信息状况进行自由竞价，最终确定建设工程施工全过程相关费用的模式。

工程量清单计价的基本过程分为两个阶段：工程量清单的编制和利用工程量清单来编制投标报价。

工程量清单计价首要的任务是工程量清单项目费用的确定。当采用工程量清单计价时，建设工程造价由分部分项工程费、措施项目费、其他项目费、规费和税金等组成。各项费用的计算如下：

（1）分部分项工程费：

分部分项工程费＝Σ分部分项工程量×相应分部分项工程清单综合单价
其中，

清单综合单价＝清单项目人、材、机费＋利润＋风险费

或

清单综合单价＝Σ（定额计价工程量×定额综合单价）/清单工程量

（2）措施项目费：

措施项目费＝Σ各措施项目费

（3）其他项目费：

其他项目费＝暂列金额＋暂估价＋计日工＋总承包服务费

（4）规费：

规费＝（分部分项工程费＋措施项目费＋其他项目费）×规费费率

（5）税金：

税金＝税前造价×增值税税率

由此，可按照下列公式计算建设项目总造价：

单位工程造价＝分部分项工程费＋措施项目费＋其他项目费＋规费＋税金

单项工程造价＝Σ单位工程造价

建设项目总造价＝Σ单项工程造价

第二节　BIM 与建筑工程造价管理

在工程项目管理环节中，工程造价管理是极为关键的环节，关系到整个建筑工程项目质量的优劣以及建设目标的实现。相比之下，我国造价管理水平与某些发达国家尚存在一定差距。现阶段，我国工程造价管理领域仍存在工程造价管理缺乏动态性、工程造价数据缺乏共享性等问题。

随着我国工程造价管理工作不断发展，工程造价管理已从原先侧重施工阶段，发展为"事前预控、事中控制、事后评估"的全过程造价管理。相比于传统工程造价管理，BIM 技术将工程造价管理的全过程管控扎根于及时而准确的海量工程基础数据，通过工程管理的自动化、信息化与智能化，节约流程管控的时间成本与经济成本，高效监督工程实施情况，可以实现实时核查对比，能更好完成成本全过程管控与风险管控。因此，引入 BIM 技术推行工程造价的全过程管理是促进我国工程造价管理工作健康发展的重要手段。

一、BIM 在建筑工程造价管理中的应用价值

BIM 技术为建筑工程造价管理带来很大变化，有着不可替代的价值。下面，笔者对 BIM 在建筑工程造价管理中的应用价值进行分析。

（一）有利于建筑工程造价管理水平的提升

建筑企业的管理归根结底都是围绕着投资效益进行的。因此，项目建设的全过程都需要对工程造价进行管理。而 BIM 技术的应用可以使建筑企业的管理以及工程造价的管理的水平得到极大提升。根据调查结果可知，BIM 在提高成本控制能力方面的影响占比最大，占到了 48%（如图 4-2 所示），BIM 对造价管理各个业务方面的影响所占比重也都很大（如图 4-3 所示）。

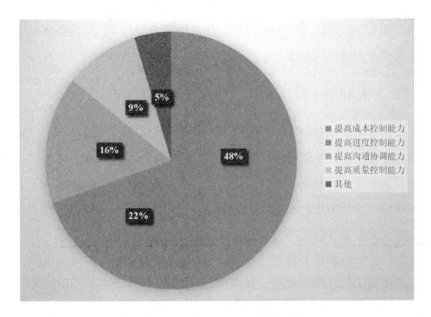

图 4-2 BIM 对建筑企业管理影响

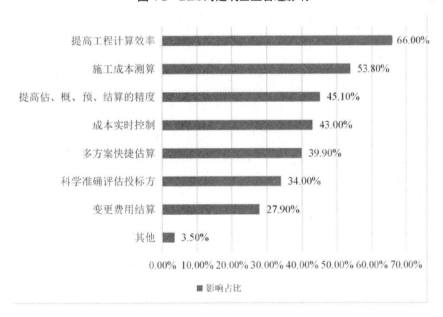

图 4-3 BIM 对造价管理各个业务方面的影响

由此来看，BIM 技术作为现代信息化领域的典型技术，在提高建筑工程造价管理水平方面的作用显著。

（二）有利于工程量计算准确性与效率的提升

造价预算编制的基础是工程量计算。在传统方式下，不论是手工计算还是二维软件计算，准确性和效率都有待提高。相比传统方式，BIM 技术提升了工程量计算的准确性和效率。不管是规则的构件，还是不规则的构件，BIM 技术都可以通过三维模型进行精确计算，确保工程量计算的高效性和准确率，使工程量的计算变得更加简单高效。

对工程量进行统计与核查是 BIM 技术在造价管理方面的最大优势。与二维模型输出的工程量报表和统计数据相比，BIM 三维模型自动生成的工程量报表和统计数据出现偏差的概率更低。

（三）有利于实现全过程成本控制动态管理

建筑工程项目全生命周期的每个阶段都有不同的工作内容。无论是哪个阶段，开展哪项工作，各参与方都会关心经济效益。传统的造价管理各阶段都是割裂的，数据不连续、协同共享难，不能形成体系。考虑到成本因素，很多施工单位都更加重视全过程造价管理。全过程造价强调的是从最初的可行性研究报告到工程竣工的各个阶段均实现精细化工程造价管理，使得成本控制和风险控制具有连续性。传统的工程造价管理一般顺序是先做预算，等项目结束以后做决算，而整个工程的确切造价需要等最终结算完成后才能确定。施工单位往往到最后一个阶段才发现项目是亏损的，或者因为合同问题、工程量变更等问题和业主产生纠纷。由此可见，全过程造价管理对项目成本的控制就显得尤为重要。

BIM 技术以 BIM 服务器为基础，建模输入协同工作，实现项目各阶段不同专业、不同软件产品之间的数据交换、集成与共享，为建设项目目标的实现提供有力的支撑。由此来看，BIM 不仅是一种技术，更是一个交流平台。有了 BIM，相关单位或个人可以运用 BIM 模型实现造价的全过程动态管理。基于 BIM 的全过程造价管理流程如图 4-4 所示。

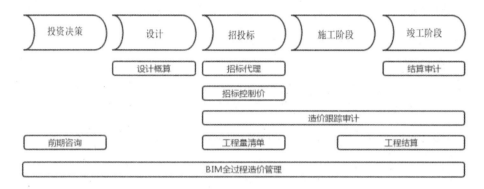

图 4-4　基于 BIM 的全过程造价管理流程

（四）有利于控制设计变更

设计变更是建筑工程管理中常会发生的现象，对项目管理有一定的影响。在设计变更未发生时，相关人员可利用三维模型检查设计方案并进行改进，从而有效降低设计变更发生的可能性；当发生设计变更后，可以通过调整模型参数得到构件工程量的变化情况，避免重复计算，减少误差。

例如，在传统工程造价中，设计单位如果在施工阶段变更了某一构件的尺寸，那么与之相关的工程量都将发生变化，处理起来很容易出错。而利用 BIM 进行建筑工程造价管理时，造价人员可直接将构件尺寸定义为更改后的尺寸，软件会自动重新计算相关项目的工程量，操作简单，不易出错；设计人员也可以直接得到工程量变化造成的造价变化情况，以便全方位控制设计变更可能造成的影响。

（五）有利于造价数据积累和共享

在传统造价管理下，相关人员很难利用形成的数据资料建立起数据积累和共享的长效机制，利用这些资料对项目进行评价的效果也十分有限。在应用 BIM 后，相关人员可通过各个阶段的 BIM 模型在具体应用中形成的标准构件库、材料信息库、造价指标库等数据资料（如图 4-5 所示）构建数据积累和共享的长效机制；企业管理者可以根据数据库中的信息对项目进行评价，从而提高自己的管理水平。当类似的工程项目再次出现时，之前形成的工程资料就有很好的参考价值。

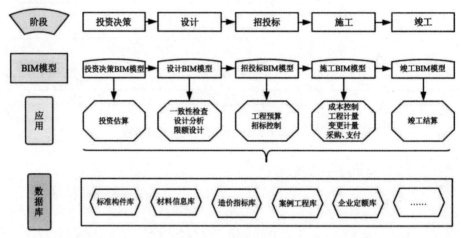

图 4-5　BIM 模型数据库

二、BIM 在项目各阶段造价管理中的具体应用

（一）投资决策阶段

在建筑工程项目投资决策阶段，最重要的工作是投资估算。投资估算是指对拟建项目固定资产投资、流动资金和项目建设期贷款利息的估算。

预估不可预见费是投资估算的一个难题。由于建筑工程的一次性特征，因此对不可控风险没有办法准确预见，往往不能精确预估不可预见费，而不可预见费在传统建设模式下所占份额比较大。曾有研究表明，基于 BIM 的数据信息技术和模拟施工，可以帮助相关人员预见建设项目过程中的各种风险以及不确定性，因此能够有效控制不可预见费，从而使投资估算变得精确合理。BIM的应用能有效降低项目不可预见费的比例，如图 4-6 所示。

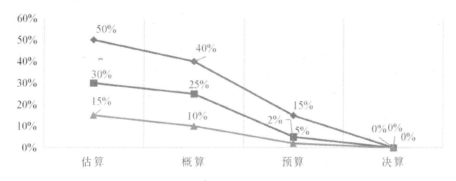

图 4-6　BIM 的应用能有效降低项目不可预见费的比例

BIM 具有模拟性、可视化特点，可使估算、预算、概算及决算的准确性得以提高，为业主减少不可预见费的投入。投资者还可以借助 BIM 数据模型，从已完成工程的 BIM 数据中获取一些与拟建工程项目相关的造价信息，通过这些信息来估算拟建项目的造价，这样就能够更加精确地得到拟建项目的投资估算。如果出现多个投资方案以供选择，则可以通过 BIM 数据模型进行造价对比，然后择优选择方案。BIM 在投资决策阶段造价管理中的应用流程如图 4-7所示。

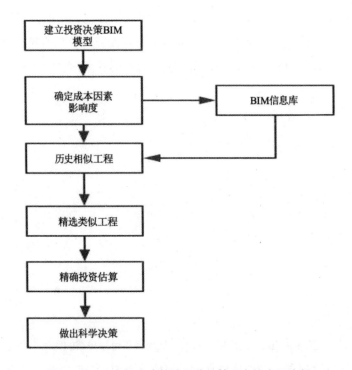

图 4-7 BIM 在投资决策阶段造价管理中的应用流程

（二）设计阶段

设计阶段对整个项目工程造价管理的影响很大，加强设计阶段的工程造价管理意义重大。设计阶段的工程造价管理应重视设计概算，初步方案设计以投资估算为基础，而施工图设计的关键是设计概算。

1.设计概算

设计概算既是对建设投资的有效评价，又是对建设项目成本的有效控制。设计概算可通过设计总概算额来达到控制施工图设计的目的，使各专业都达到设计方案的要求；并可通过投资额度的占比来控制设计阶段的工程造价，避免不合理变更，从而将总投资额控制在合理范围内。基于传统的人工算法和工程预算方法设计合理的概算并不是一件容易的事。设计人员利用 BIM 技术以及

BIM 数据库将工程设计图纸与对应的造价信息结合起来，模型会按照时间发生的先后顺序输出分部分项工程的造价信息，这样就实现了在设计阶段控制工程造价的目的，进一步控制限额设计。表 4-1 为设计阶段传统模式与运用 BIM 技术的设计概算对照表。

表 4-1 设计阶段传统模式与运用 BIM 技术的设计概算对照表

传统模式	运用 BIM 技术
设计概算和成本预算没有办法关联	设计概算和成本预算可以通过 BIM 技术实现关联
设计阶段的设计概算是在 CAD 设计图纸和设计信息的基础上得到的，在后续的工程造价管理工作中难以实现信息共享	BIM 设计模型中已经基本包含了项目信息和特征，形成的设计概算可以为后续的工程造价管理提供参考

2.碰撞检查

在完成设计图纸之后，下一步就是进行设计图纸审查以及设计交底。传统的设计交底和图纸审查是在 2D 平面上进行的，不同专业之间的图纸设计是分开进行的，仅靠人为的图纸审查很难发现其中的全部错误。

如图 4-8 所示，利用 BIM 技术，相关人员可以在虚拟的三维环境下对设计缺陷、专业间碰撞等进行检查，并当检查出问题后，在 BIM 模型中对数据进行修改，对设计方案进行优化。碰撞检查对提高施工现场生产效率、减少返工、提高工程质量、节约成本、缩短工期等有着积极的意义。

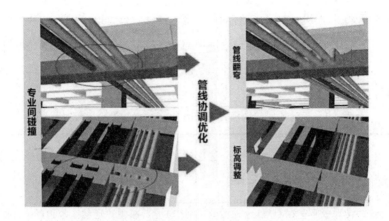

图 4-8　碰撞检查及管线协调优化

　　综上，在设计阶段，BIM 技术的应用对成本控制和方案优选意义重大，如创建 BIM 信息模型，运用 BIM 技术中的碰撞检查功能检测方案中存在的问题等。BIM 在设计阶段造价管理中的应用流程如图 4-9 所示。

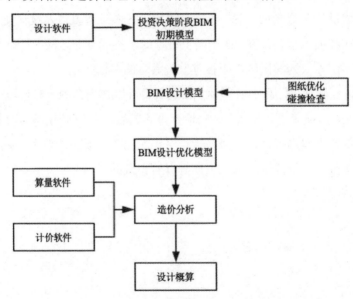

图 4-9　BIM 在设计阶段造价管理中的应用流程

（三）招投标阶段

1.招标人利用 BIM 模型快速编制招标控制价

在招标阶段，BIM 技术的应用更加广泛。如果在投资决策和设计阶段采用的是 Revit、MagiCAD、Tekla 等设计类软件建立的 BIM 模型，那么招标人可以对设计 BIM 模型加以利用，通过 IFC 数据标准实现与造价软件的无缝连接，建立起相应的招标范围内的 BIM 模型，并通过该模型快速生成工程量清单，编制招标控制价。当然，如果前期 BIM 模型是通过造价类 BIM 软件建立的，那么招标人可以直接加以利用。不论哪一种方式，都能够有效实现 BIM 模型在项目各个阶段的数据传递。

2.投标人利用 BIM 模型快速进行投标报价

投标人可以在招标人给出的 BIM 模型的基础上复核招标工程量清单，从而为自己编写投标报价节省时间。投标人可以利用省下来的时间进行报价分析。此外，根据 BIM 数据库和 BIM 云平台，投标人获取材料市场价会变得更便捷，能更好地结合市场价确定最优投标报价，从而提高竞标成功的概率。

3.评标人结合 BIM 模型确定中标候选人

投标人根据 BIM 模型编制的投标报价可以最大限度地与招标文件吻合。在评标过程中，评标人可以根据 BIM 模型造价信息进行高效评审。

综上所述，招标人利用 BIM 模型可以快速编写招标控制价、工程量清单等；投标人利用 BIM 模型可以快速复核工程量清单，并据此进行合理的投标报价；评标人结合 BIM 模型可以确定中标候选人。可以说，BIM 技术支持下的招投标造价管理流程汇集了项目建设各方的工作内容，既能使招标人满足企业效益要求，又能使投标人结合自身实力进行报价，最终使得招投标工作高效完成。BIM 在招投标阶段造价管理中的应用流程如图 4-10 所示。

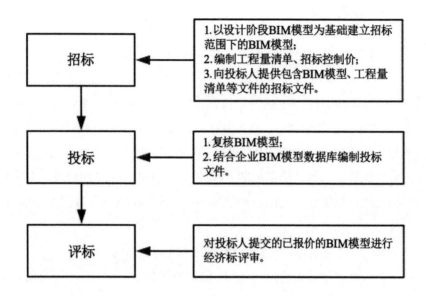

图 4-10　BIM 在招投标阶段造价管理中的应用流程

（四）施工阶段

1.工程量及价款计算

在传统工作模式下，按照合同的约定，承包方在施工阶段需要根据项目施工进度计算工程量并向发包方提供工程量进度报告；发包人接到承包人的工程量进度报告后，需要核算承包人所提供的工程量，确定进度报告是否符合实际的施工进度。这个过程需要消耗大量的人力、时间，并且很难确保统计数据的准确性。运用 BIM 技术，可有效改变传统工作模式准确性低的现状。

一方面，承包方、发包人可从空间、成本、工期等方面根据实际工程进度对 BIM 模型进行拆分，得出工程量信息，这样可以减少承发包人之间工程量的复核统计工作。

另一方面，基于已完成的工作量，工程造价人员可运用 BIM 数据库里的价格信息计算出工程各阶段的工程造价，从而降低时间成本，提高统计复核施工各阶段工程量工作的效率。

2.造价数据实时跟踪

施工阶段的造价管理不确定性因素很多，人工、材料、机械设备等数据变化比较频繁。若要较好地完成施工阶段的成本控制，就必须实时跟踪这些造价信息数据的变化，而通过 BIM 5D 能高效、便捷地完成此项工作。比如，在实际施工过程中，相关人员需要了解某一明确维度的物资量，BIM 5D 的物资查询模块可轻松满足这一需求。如果简单的查询方式无法一次性满足查询需求，查询者可在 BIM 5D 上进行自定义查询，从时间范围、进度计划、楼层、流水段等维度选择单个或者多个查询方式查看各个专业的物资量，如图 4-11 所示。在查询完成后，查询者可对查询结果进行保存，并以 Excel 的形式导出查询数据。

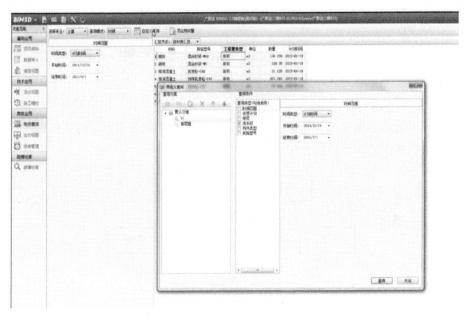

图 4-11　查询物资量

3.工程变更控制

施工阶段的一个重要特征就是各类变更频繁出现，任何一个数据的变更都会涉及设计单位、供应商等。利用 BIM 技术，相关人员可以实时检查施工图的错误，发现问题并及时更正。更正操作可以直接在 BIM 模型中进行。在更正后，BIM 模型可以自动计算工程量，并将变更内容通知各参与方。表 4-2 为传统模式下与 BIM 技术支持下的工程变更控制对照表。

表 4-2　传统模式下与 BIM 技术支持下的工程变更控制对照表

传统模式下的工程变更控制	BIM 技术支持下的工程变更控制
变更后，工程量计算麻烦，留底资料易丢失，不易复查	基于变更信息，对建筑构件进行修正，变更信息保存于数据库中
工程总量不易统计，工作量容易遗漏	按变更要求自动计算工程量
一个构件的变化对本身和相关构件都会产生影响，很难全面了解产生的问题及造价变化程度	变更信息录入后，更新与之相关的工程量，方便造价计算

综上，BIM 技术支持下施工阶段的造价管理与传统模式有着明显的区别。在施工阶段造价管理中应用涵盖工期、价格、签证变更、索赔等信息的 BIM 设计模型，能迅速准确地获取实际施工各阶段的成本信息、工程量数据等，且便于对成本费用的偏差进行分析，从而实现工程造价的动态管理。BIM 在施工阶段造价管理中的应用流程如图 4-12 所示。

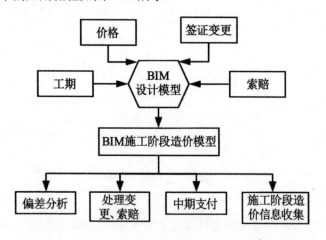

图 4-12　BIM 在施工阶段造价管理中的应用流程

（五）竣工阶段

1.运用 BIM 技术对竣工结算资料进行审核

BIM 中央数据库中储存着项目工期、合同、价格等信息，各参与方可在项目实施的任何阶段及时调用这些信息。造价人员在竣工结算整理资料时，可通过 BIM 中央数据库调取全部相关数据资料。在竣工结算时，BIM 模型记录的信息是项目实施过程中积累的真实数据，可以大大缩短结算审核的前期工作时间，提高工程审核的效率。

2.运用 BIM 技术对竣工结算工程量进行审核

例如，在利用 BIM 技术审核竣工结算工程量时，双方将各自的 BIM 三维模型在广联达 BIM 对量软件中进行对比，软件会自动按照楼层、构件等分别显示出双方工程量的不同部位，找到双方结算工程量的差异，避免缺项。运用 BIM 技术有助于竣工结算工程量核对效率、质量的提升。

3.运用 BIM 技术对竣工结算费用进行审核

BIM 技术与云数据的结合可方便造价人员及时获取最新的税费政策、法规等。例如，我们在 BIM 软件环境下联网可以直接获得人工调整系数、建筑安装工程税税率等信息。

在项目各实施阶段，BIM 技术将工程的相关数据信息进行了收集和整理，为竣工结算调取相关的资料及数据信息提供了方便。在竣工阶段，BIM 软件能够自动计算并复核工程量及各项费用等，减少不必要的结算统计基础工作，缩短结算审核的工作时间，提高竣工结算的准确性。竣工阶段 BIM 在造价管理中的应用流程如图 4-13 所示。

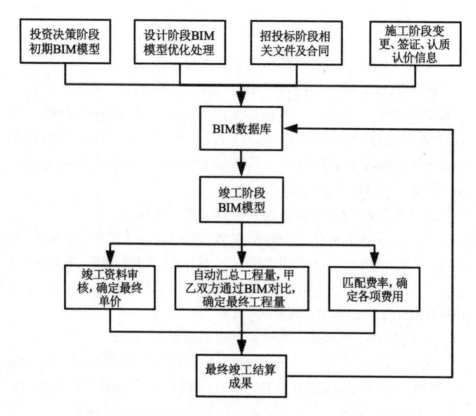

图 4-13　竣工阶段 BIM 在造价管理中的应用流程

随着 BIM 技术的推广应用，建筑行业也经历着快速的转变。BIM 技术能够彻底打破建筑工程造价管理的横向、纵向信息共享与协同的壁垒，促使造价行业逐渐向着规范化、精细化、信息化快速转变。造价员应努力适应造价技术快速更替的时代，重视 BIM 技术的学习和应用，以迎来工程造价行业更快、更好的发展。

第五章 基于 BIM 的
建筑工程安全管理

第一节 建筑工程安全管理概述

质量目标、成本目标、工期目标、安全目标是建筑工程管理的四大控制目标。它们之间的关系如图 5-1 所示。

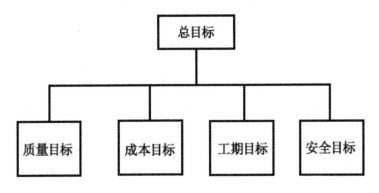

图 5-1 建筑工程管理的四大控制目标层次图

建筑工程管理总目标由四个目标共同组成。其中，安全目标的实现是其他目标实现的基础，原因如下：

第一，实现安全目标是实现质量目标的基础。有了良好的安全措施保证，作业人员才能较好地发挥自身的技术水平，保证工程质量。

第二，实现安全目标是实现工期目标的前提。只有在安全工作完全落实的条件下，建筑企业在缩短工期时才不会出现严重的安全事故。

第三，实现安全目标是实现成本目标的保证。安全事故的发生必然会给建筑企业和业主带来巨大的经济损失，工程也无法顺利进行。

这四个目标相互作用，形成一个有机的整体，共同推动工程项目的实施。只有四大目标统一实现，工程管理的总目标才能实现。

建筑工程安全管理对国家发展、社会稳定、企业盈利、人民幸福有着重大意义，是建筑工程管理的重要内容之一。因此，对建筑工程安全管理进行研究是十分必要的。

一、安全管理、建筑工程安全管理的概念

对人类来说，安全极为重要，离开了安全，一切都失去了意义。美国社会心理学家和比较心理学家亚伯拉罕·马斯洛（Abraham Maslow）的需求层次理论把需求分成生理需求、安全需求、社交需求、尊重需求和自我实现需求五类。人类在满足生理需求的基础上，谋求安全需求的满足。

安全的范围很广，既包括有形实体安全，如国家安全、社会公众安全、人身安全等，也包括虚拟形态安全，如网络安全等。

（一）安全管理的概念

安全管理是企业生产管理的重要组成部分。安全管理的对象是生产中一切人、物、环境的状态管理与控制。安全管理是一种动态管理。安全管理主要是组织实施企业安全管理规划、指导、检查和决策，同时又是保证生产处于最佳安全状态的重要环节。

（二）建筑工程安全管理的概念

建筑工程安全管理是指在工程建设过程中，安全管理人员根据国家相关法律法规和技术标准，采用各种方法控制生产要素，减少或消除生产要素的不安

全行为。

二、建筑工程安全管理的特点

做好建筑工程安全管理工作的意义主要有以下几点：做好安全管理工作是防止伤亡事故和职业危害的根本对策；做好安全管理工作是贯彻落实"安全第一、预防为主"方针的基本保证；做好安全管理工作，有助于全面推进企业各方面的工作，促进经济效益的提高。

有效的安全管理是促进安全技术和劳动卫生措施发挥应有作用的动力。安全管理是项目管理的重要组成部分，与项目的其他管理密切联系、相互影响。

建筑工程的特点，决定了建筑工程安全管理的特点。建筑工程安全管理的特点主要有以下几点：

（一）流动性

建筑产品依附于土地而存在，同一块土地往往只能修建一个建筑物。建筑企业需要不断地从一个地方移动到另一个地方进行建筑产品生产。而建筑工程安全管理的对象是建筑企业和工程项目，也必然要不断随企业的转移而转移。建筑工程安全管理的流动性除了体现为施工地点的流动，还体现为施工人员的流动。建筑工程项目的施工队伍需要不断地从一个地方换到另一个地方进行施工，流动性大。施工人员多为农民工，大部分农民工没有与企业形成固定的长期合同关系，往往一个项目完工后就离开，人员流动性较大。施工人员流动性强造成施工作业培训时间不足，使得违章操作的现象时有发生，不利于建筑工程安全管理。

工程安全教育与培训往往跟不上施工地点的流动和人员的流动，导致安全隐患大量存在，安全形势不容乐观，这也对建筑工程安全管理提出了更高的要求。

（二）灵活性

有些人希望将建筑工程安全管理计划做得越精细越好，但他们忽视了建筑工程的施工过程是不断变化的，过于精细的建筑工程安全管理计划往往与实际施工情况有所差异，甚至会造成管理混乱。

由于建筑业的工作场所、工作内容是不断变化的，建筑工程安全生产的不确定因素较多，建筑工程安全管理应具有灵活性。

（三）协作性

建筑工程安全管理具有协作性，这是因为工程建设项目中经常涉及多单位、多专业协同施工。

建筑工程项目的参与主体涉及业主、勘察单位、设计单位、施工单位以及监理单位等，这些参与主体之间存在着较为复杂的关系，需要通过法律法规以及合同来进行规范。这使得建筑工程安全管理的难度增加、管理层次多、管理关系复杂，如果组织协调不好，就容易出现安全问题。

建筑工程项目施工往往涉及管理、经济、法律、建筑、结构、电气、给排水、暖通等相关专业，各专业的协调组织对安全施工来说也是很重要的。

三、建筑工程安全管理的原则

建筑工程安全管理应遵循以下几个原则：

（一）以人为本的原则

建筑工程安全管理的目标是保护劳动者的安全与健康，同时减少因建筑安全事故导致的个人、企业以及社会的损失。这个目标充分体现了以人为本的原则。坚持以人为本是建筑工程安全管理的指导思想。

（二）安全第一的原则

在建筑工程安全管理过程中，要坚持安全第一的原则，处理好安全与施工进度、工程造价等的关系，始终把从业人员和其他人员的人身安全放到首位，绝不能依靠减少安全投入来达到增加效益、降低成本的目的。

（三）预防为主的原则

进行建筑工程安全管理除了处理安全事故，还要对人、物和环境等采取管理措施，对不安全因素进行有效控制，把可能发生的事故消灭在萌芽状态。

在建筑工程安全管理中坚持预防为主的原则应做到以下几点：

第一，加强全员安全教育，让所有人员明白"确保他人的安全是我的职责，确保自己的安全是我的义务"，从根本上消除"习惯性违规"现象，减少发生安全事故的概率。

第二，制定有针对性、可行的安全技术措施，并坚决落实，积极消除现场的危险源。

第三，注重拟采购防护用品的质量，并做好相关安全检验。

第四，加强现场的日常安全巡查，及时辨识现场的危险源，并采取有效措施予以处理。

（四）动态管理的原则

建筑工程安全管理不是少数管理者和安全管理部门的事，而是一切与建筑工程有关的部门与人的事。建筑工程安全管理涉及建筑工程施工的方方面面，涉及建筑工程施工的各个阶段，涉及一切变化着的生产因素。

在建筑工程安全管理中，应坚持动态管理的原则，以适应不断变化的生产活动，消除不断出现的危险因素。相关管理人员应不断摸索新规律，总结新的安全管理办法与经验，以提高安全管理的水平，促进安全文明施工。

第二节　BIM 与建筑工程安全管理

一、基于 BIM 的建筑工程安全管理的作用

基于 BIM 的建筑工程安全管理的作用主要体现在以下几个方面：

（一）信息传递方式

BIM 技术可以实现工程项目信息数据的有效利用。从图 5-2 和图 5-3 可以看出，传统模式下的建筑工程项目信息传递方式与基于 BIM 的建筑工程项目信息传递方式是不同的。各个参与方可以充分利用 BIM 良好的信息储存能力，集成管理相关施工数据，并进行信息的传递。这种项目参与方与 BIM 数据库进行一对一信息交换的方式，可以减少各参与方的工作量，也可以减少信息在传递过程中的损失。

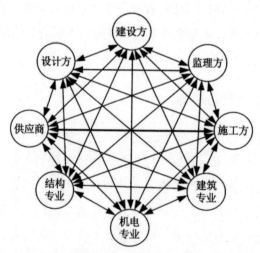

图 5-2　传统模式下的建筑工程项目信息传递方式

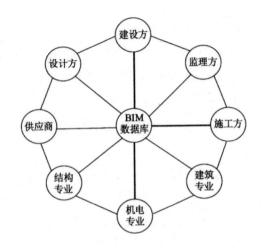

图 5-3　基于 BIM 的建筑工程项目信息传递方式

（二）组织架构

传统建筑工程安全管理的组织架构相对简单，安全管理工作以建设单位和施工单位为主导，其他单位负责监督、配合建设单位和施工单位完成相应的安全保障工作，如图 5-4 所示。

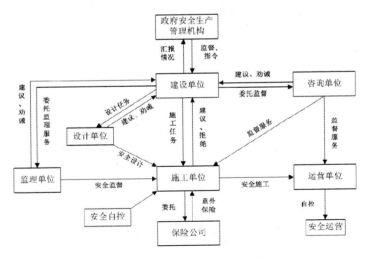

图 5-4　传统建筑工程安全管理的组织架构

　　基于 BIM 的建筑工程安全管理的组织架构，如图 5-5 所示。在该架构中，安全管理的核心不再是建设单位或施工单位，而是由具备建筑工程安全管理能力且掌握 BIM 技术的人员组建成的 BIM 安全管理小组。BIM 安全管理小组，作为连接各个建筑工程参与方的纽带，协同设计单位、施工单位、运营单位等一起开展安全管理工作，确保工程的安全、顺利进行。

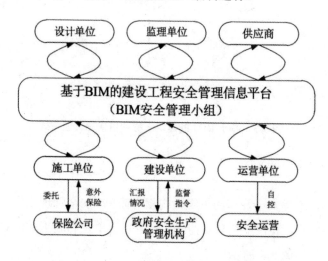

图 5-5　基于 BIM 的建筑工程安全管理的组织架构

　　基于 BIM 的建筑工程安全管理的组织架构，可以使信息共享更便捷，不仅节省了每个参与单位获取信息的人工、材料和时间成本，而且提高了各个单位的工作效率。这种组织架构上的变化推动了安全管理信息集成化，使得在各个阶段各参与单位得以有效地协同工作，有助于提高建筑工程安全管理水平。

（三）施工安全管理流程

　　传统的施工安全管理流程如图 5-6 所示，包括工程安全措施报监、开展安全措施审查、监督员现场安全巡查等流程。

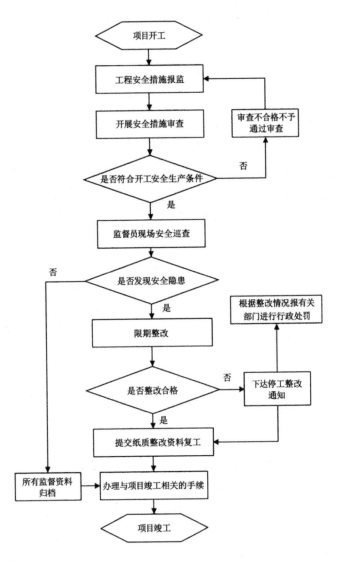

图 5-6　传统施工安全管理流程图

　　基于 BIM 的建筑施工安全管理流程如图 5-7 所示，其报告、审查、通知等功能均由操作人员通过 BIM 操作平台完成。这样不但可以节省报告、审查、通知的时间，而且便于统一管理、信息化管理。

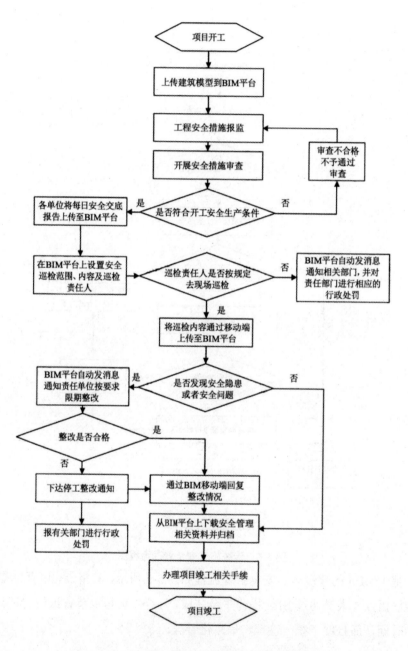

图 5-7　基于 BIM 的建筑施工安全管理流程图

二、基于 BIM 的建筑工程安全管理体系

基于 BIM 的建筑工程安全管理体系如图 5-8 所示。该体系包括基于 BIM 的建筑工程安全管理平台和基于 BIM 的建筑工程安全管理保障体系两部分。其中，基于 BIM 的建筑工程安全管理平台是指参与方对建筑项目进行安全管理的操作平台，包括基于 BIM 的建筑工程安全管理运作流程和基于 BIM 的建筑工程安全管理操作平台。基于 BIM 的建筑工程安全管理保障体系是指保障基于 BIM 的建筑工程安全管理工作顺利实施的措施的总称，包括组织保障、技术保障、经济保障和制度保障四个部分。

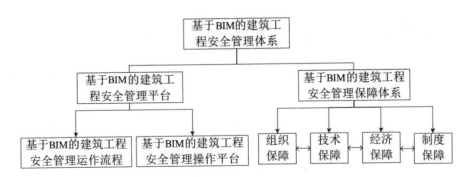

图 5-8　基于 BIM 的建筑工程安全管理体系

三、基于 BIM 的建筑工程安全管理体系实例

基于 BIM 的建筑工程安全管理工作，实际上就是"分析—模拟—控制"的过程。应将 BIM 引入建筑工程全寿命周期，对建筑工程实施过程中的每一个阶段进行安全分析和模拟，进而对其进行控制，以达到安全管理的目的。

基于 BIM 的全寿命周期建筑工程安全管理如图 5-9 所示。

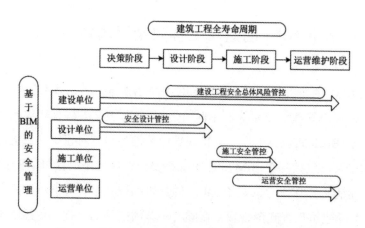

图 5-9　基于 BIM 的全寿命周期建筑工程安全管理

安全管理是企业的命脉，应当遵循"安全第一，预防为主"的原则。在 BIM 技术的参与下，建筑工程的安全管理工作的效率明显提高。接下来，笔者以 Z 大厦建筑工程为例，针对基于 BIM 在建筑工程全寿命周期的安全管理，对基于 BIM 的建筑工程安全管理体系进行研究分析。

Z 大厦工程项目分为两部分：地上（A、B 座）为 21 层研发楼，含 4 层裙房；地下为 2 层满堂地下车库。总建筑面积 10 万 m^2，其中地上建筑面积约 79 350 m^2，地下建筑面积约 20 650 m^2。建筑主体高 88.4 m，地下结构深 10.5 m，基础采用桩基础。基坑总面积约 12 860 m^2，周长约 448 m。基坑开挖深度为 9.92 m。本工程结构设计使用年限为 50 年，建筑安全等级为二级，基坑设计等级为甲级，支护安全等级为二级，抗震设防烈度为 8 度。工程计划总工期为 2.5 年，现场施工场地狭小，施工工期紧，施工工序繁复，安全管理任务重。

（一）基于 BIM 的建筑工程安全管理平台

基于 BIM 的建筑工程安全管理操作平台推动 BIM 在建筑工程全寿命周期内的应用。图 5-10 所示为基于 BIM 的建筑工程安全管理平台的"项目信息"界面。

图 5-10　基于 BIM 的建筑工程安全管理平台"项目信息"界面

1.基于 BIM 的建筑工程决策阶段的安全管理

工程建设项目前期决策阶段管理对整个工程建设的过程来说都具有十分重要的意义。基于 BIM 的建筑工程决策阶段的安全管理，就是要通过 BIM 技术进行立项方案的 3D、4D 建模，借助立项方案的 BIM 模拟，发现建筑工程前期安全问题以及建筑工程总体风险大小，从而对立项方案进行优化，达到降低总体风险，实现安全管理的目的。基于 BIM 的建筑工程决策阶段的安全管理流程如图 5-11 所示。

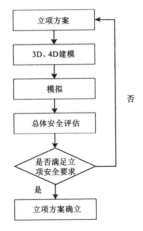

图 5-11　基于 BIM 的建筑工程决策阶段的安全管理流程

　　基于 BIM 的建筑工程决策阶段的安全管理流程如下：先对已经立项的方案进行 3D、4D 建模，再进行模拟；在对立项方案进行总体安全评估之后，若立项方案不满足立项安全要求，则调整方案，然后根据调整之后的方案调整模型，再进行模拟和总体安全评估；最后，立项方案在满足立项安全要求之后才能确立。图 5-12 所示为基于 BIM 的建筑工程安全管理平台的"模型传递流程"界面。

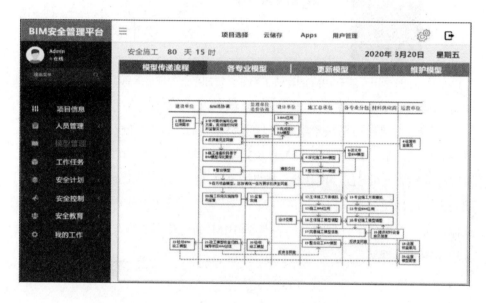

图 5-12　基于 BIM 的建筑工程安全管理平台"模型传递流程"界面

2.基于 BIM 的建筑工程设计阶段的安全管理

　　如果相关人员在设计阶段没有及时发现、解决设计中的问题，那么这些问题在施工阶段会引发更多的问题。因此，完善设计图纸，确定合理的设计方案，确保设计产品的安全性和可靠性，是设计阶段的主要任务。基于 BIM 的建筑工程设计阶段的工作流程如图 5-13 所示。

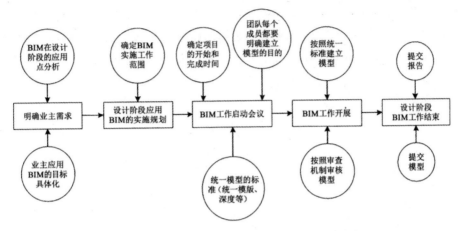

图 5-13　基于 BIM 的建筑工程设计阶段的工作流程

在设计阶段，BIM 技术不但提供了正向设计功能，而且针对设计阶段的安全管理提供了冲突检测、空间安全管理、安全分析等功能，以有效发现设计阶段的安全问题，保证项目施工阶段的顺利实施。基于 BIM 的建筑工程设计阶段的安全管理流程如图 5-14 所示。

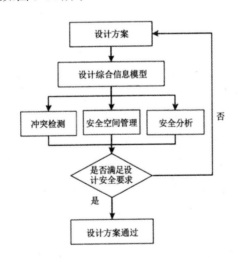

图 5-14　基于 BIM 的建筑工程设计阶段的安全管理流程

（1）设计综合信息模型

工程建设是一项复杂的系统工程，涉及多学科、多工种的协同工作，建筑

149

设施的功能、结构、空间、造型、环境、设备等诸多因素都需要考虑。设计综合信息模型包括建筑模型、结构模型和设备模型。设计综合信息模型在后续冲突检测、空间安全管理、安全分析等工作中，起着非常重要的作用。基于 BIM 构建设计综合信息模型的流程如图 5-15 所示。

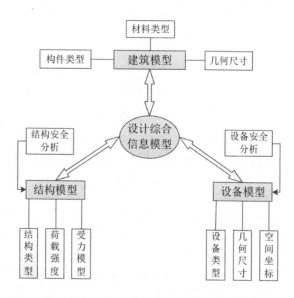

图 5-15　基于 BIM 构建设计综合信息模型的流程

Z 大厦建筑在 Revit 软件中的建筑模型、结构模型、设备模型如图 5-16 所示。Z 大厦项目的设计 BIM 模型渲染效果如图 5-17 所示。

（a）建筑模型　　　　（b）结构模型　　　　（c）设备模型

图 5-16　Z 大厦项目的 3D BIM 模型

图 5-17　Z 大厦项目的设计 BIM 模型渲染效果图

（2）冲突检测

随着社会的发展，建筑物的功能和结构越来越复杂，引起系统冲突的因素越来越多，施工阶段的隐患也越来越多。传统的建筑工程冲突检测工作主要依靠不同专业的设计师收集图纸进行审查。这种工作方法不仅效率低下，而且易受人为因素的影响，可靠性不高。

在设计阶段，如果不排除全部的设计冲突，这些冲突在施工阶段可能会成为问题，给工程施工带来重大损失，导致返工、窝工等。因此，采用有效手段检测和解决设计冲突，可有效减少施工阶段的问题，节约成本，提高施工效率和质量。

基于 BIM 的安全冲突检测可以直接对设计方案进行检测，支持专业自检和多系统（建筑、结构、设备系统）的相互检测，具体流程如图 5-18 所示。只有各系统设计方案通过建筑系统自检、结构系统自检、设备系统自检、综合系统自检，才可以进行下一步工作，否则应对设计方案进行修改，直至设计方案安全冲突检测通过。

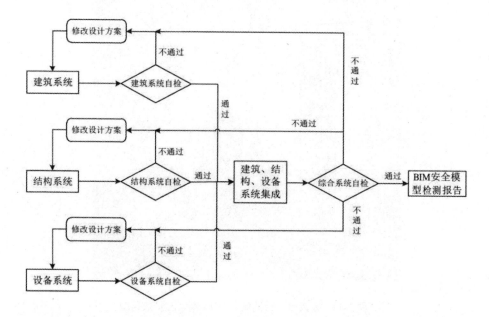

图 5-18　基于 BIM 的安全冲突检测流程图

经过多专业自检和多系统（建筑、结构、设备）的交互碰撞检测，发现 Z 大厦最初的设计图纸有多处管线碰撞等问题。经过讨论研究，设计人员对所有碰撞进行了调整，给出了调整方案。部分碰撞与调整方案如表 5-1 所示。

表 5-1　部分碰撞与调整方案

位置	调整前	碰撞说明	调整方案	调整后
轴 1-M～1-N，轴 1-10～1-11		空调供回水管和排烟管、排风管碰撞，给水管和喷淋管碰撞	根据管线综合原则，对空调供回水管和给水管进行翻弯	

续表

位　置	调整前	碰撞说明	调整方案	调整后
轴 1-K～ 1-L，轴 1-4～1-5		排烟管和新风管碰撞，强电桥架和排烟管碰撞	根据管线综合原则，管线分层排布，抬高桥架，对新风管翻弯	
轴 1-P～1-Q，轴 1-10～1-11		空调水管与喷淋管、给水管、排烟管碰撞	根据管线综合原则，抬高风管标高，对空调水管进行翻弯	

　　通过 BIM 平台进行碰撞检测，相关人员可对 BIM 模型进行调整，进而对图纸进行审核和调整。图 5-19 所示为基于 BIM 的建筑工程安全管理平台的"更新模型"界面，显示的各专业模型可以随时更新为最新调整的 BIM 模型。

图 5-19　基于 BIM 的建筑工程安全管理平台的"更新模型"界面

（3）空间安全管理

据调查统计，在建筑工程施工阶段，"五大伤害"（高处坠落、物体打击、触电、机械伤害、坍塌）事故最多。基于 BIM 的空间安全管理，可使空间安全隐患在设计阶段得以消除，能有效防止空间安全事故发生，对安全管理极为重要。施工事故类型与设计阶段的关系如表 5-2 所示。

表 5-2　施工事故类型与设计阶段的关系表

表现形式	事故原因	是否与设计阶段相关	设计阶段可采取的措施
人在安拆模板、安拆结构设备时从临边、洞口（脚手架、阳台边、电梯井口、楼梯口、预留洞口、屋面楼板边等）高处坠落	照明光线不足，夜间悬空作业	是	提示
	踏入危险区域	是	标注危险区域
	施工现场的临边防护不到位	是	统计防护位置及措施
	未带个人安全用品	否	
	材料随意堆放在基坑、边坡附近，导致失稳	是	规划堆放区域
基坑边坡的土石方坍塌，施工临时设施的坍塌，构筑物的坍塌，堆置物的坍塌，脚手架、支撑架的倾倒和坍塌，支撑物不牢引起其上物体的坍塌	接近基坑边缘导致失稳	是	标注危险区域
	模板支撑系统失稳	是	模拟检查系统稳定性
	边坡失稳	是	模拟检查系统稳定性
	脚手架失稳	是	模拟检查系统稳定性
	光线不足，夜间作业	是	提示
工具零件、砖瓦、木块等物从高处掉落伤人，人为乱扔废物、杂物伤人，起重吊装物品掉落伤人，设备带柄运转伤人	物品掉落伤人	是	加强防护设计
	误入危险区域	是	标注危险区域
	物料堆放不规范	是	规划堆放区域
	场地缺少安全检查	是	提前确定检查清单
	缺少设备安全检查	否	

　　针对上表中有关空间安全隐患的内容，建立施工现场不安全区域的识别规则是很有必要的。

　　对于不同形状的危险区域，危险区域边界的定义和计算规则是不同的。例如：在基坑深度超过 2 m 且四周无围护的情况下，危险区域应根据计算规则从基坑边缘向内延伸一定距离；对于固定机械，如起重机，其起吊物品的危险区域是吊钩点或吊点等的垂直投影。危险区域的形状大致有圆形和多边形两种。对于圆形区域，圆心和半径是划定危险区域的重要参数，圆心是圆形区域的中心，半径是圆形区域的半径加上工人的反应距离。对于多边形区域，划定危险区域的重要参数是危险区域的投影、工人的反应距离的扩展以及多边形每个顶点的坐标。

　　对于 Z 大厦项目，一块未设置任何防护措施的楼板，四个顶点坐标分别是 (a_1, b_1)、(a_2, b_2)、(a_3, b_3) 和 (a_4, b_4)，工人反应距离为 c，则危险区域的顶点坐标就是 (a_1, b_1)、(a_2, b_2)、(a_3, b_3)、(a_4, b_4)、(a_1+c, b_1+c)、(a_2+c, b_2-c)、(a_3-c, b_3+c) 和 (a_4-c, b_4-c)，封闭区域是一个矩形环，即危险区域，如图 5-20 所示。

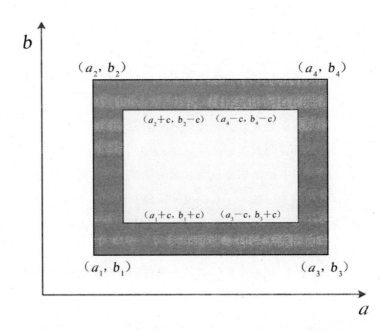

图 5-20　未设置任何防护措施的楼板形成的危险区域示意图

　　不同的安全事故给工作人员带来的伤害程度是不一样的，不同类别的不安全区域发生安全事故的概率和严重性也不同。笔者将上述几个类别的不安全区域按照事故的严重程度和可能造成的伤亡事故的大小分为 1～3 级，如表 5-3 所示。

表 5-3　不安全区域等级划分

不安全等级	区域说明
1 级	高坠区、坍塌区、触电区
2 级	落物区、碰撞区
3 级	重要岗位的区域

　　基于 BIM 的不安全环境自动识别系统，可以实现安全预警，有效避免因作业人员擅自进入不安全区域而引发的施工安全事故。基于 BIM 的不安全环境自动识别系统识别空间不安全因素的流程如图 5-21 所示。

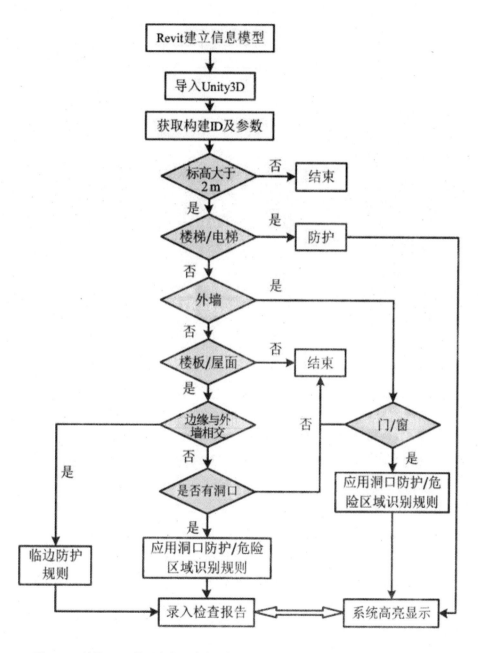

图 5-21　基于 BIM 的不安全环境自动识别系统识别空间不安全因素的流程图

利用 Revit 软件结合 Fuzor 软件，可以自动识别临边洞口和其他危险区域，还可以通过安全管理平台向管理人员提供完整、详细的信息，并给出解决方案。基于 BIM 的建筑工程安全管理平台临边洞口不安全因素检查界面如图 5-22 所示。

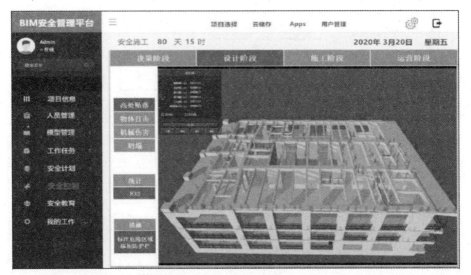

图 5-22　基于 BIM 的建筑工程安全管理平台临边洞口不安全因素检查界面

（4）安全分析

安全分析包括结构分析和设备分析。建筑物结构是建筑物的核心部分。结构安全设计是建筑设计最重要的部分。影响建筑物结构安全设计的因素主要包括建筑施工活荷载、恒荷载以及影响结构稳定性并引起结构倒塌事故的荷载组合等。在基于 BIM 的结构模型中，各个组件都具有真实组件的属性和特性，记录了工程实施过程中的数据信息，并且可以实时调用、分享等。相关人员通过基于 BIM 的有限元分析软件，可以进行结构力学和安全参数的计算和分析，为安全管理保驾护航。

对于体系复杂、施工难度大的结构，需要验证结构方案的合理性以及施工工艺的安全性和可靠性。为此，相关人员可利用 BIM 构建结构模型，进行模型测试并显示动态模拟方案，从而为试验提供模型基础信息。

3.基于 BIM 的建筑工程施工阶段的安全管理

建筑工程施工阶段是安全事故发生最多的阶段,也是建筑工程安全管理最重要的阶段,基于 BIM 的设计综合信息模型可以直接用于施工阶段的安全管理。

根据施工阶段各方面因素对安全管理的影响,安全管理相关人员首先应对管理因素、人的因素、环境因素、物的因素分别进行分析,然后画出建筑工程施工阶段危险源鱼骨图,如图 5-23 所示。

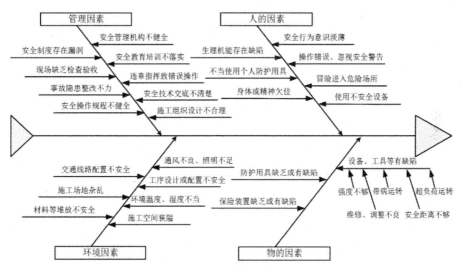

图 5-23 建筑工程施工阶段危险源鱼骨图

BIM 在建筑工程施工阶段安全管理中的应用主要有 4D 施工模拟、安全预警系统、安全技术交底等,可以帮助相关人员尽早发现施工阶段存在的危险源并及时采取相应措施,从而保障施工安全。

（1）4D 施工模拟

传统的施工图是以 2D 图纸呈现的,展示的信息比较有限,经常导致施工阶段产生设计变更,给施工带来很大的麻烦。借助 BIM 技术可以 3D 模型的形式将图纸上的信息展现出来,再加上时间轴,就可以进行带有时间节点的 BIM 模型 4D 模拟,有利于在建筑工程施工阶段确定最优施工方案。基于 BIM 的施工方案确定流程如图 5-24 所示。

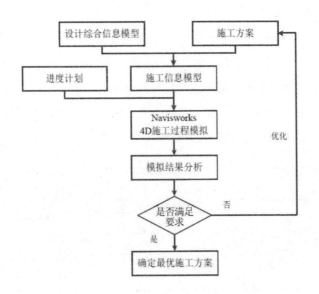

图 5-24　基于 BIM 的施工方案确定流程图

对于 Z 大厦项目，在施工前期，相关人员通过三维模型对每个阶段的施工场地布置进行了探讨，确定了最优施工场地布置，如图 5-25 所示，规避了交叉施工过程中可能出现的场地材料堆放、物流碰撞等问题。

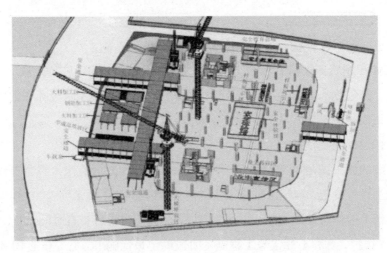

图 5-25　基于 BIM 的 Z 大厦项目最优施工场地布置图

接着，相关人员对该项目进行全过程 4D 模拟施工，利用 BIM 将原本需要在真实场景中实现的建造过程和结果，在数字虚拟中预先实现。在 Navisworks 软件中，加入时间节点，形成的 4D BIM 模型如图 5-26 所示。

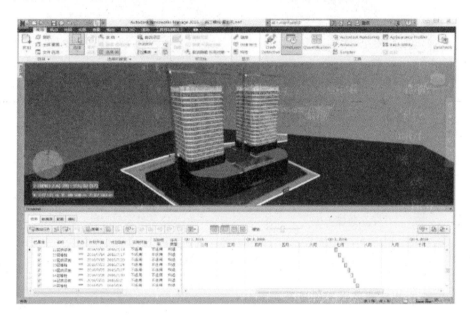

图 5-26　4D BIM 模型

随着时间的推移，结构施工、装修等专业方面的施工进度情况模拟如图 5-27 所示。

（a）地下结构施工阶段

（b）地上结构施工阶段

（c）装修阶段

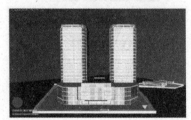
（d）装修完成阶段

图 5-27　基于 BIM 的施工进度情况模拟

（2）安全预警系统

建筑工程施工现场的复杂环境和大量施工人员的不安全行为，是施工现场的安全事故不可避免的主要原因。赫伯特·威廉·海因里希（Herbert William Heinrich）认为：人的不安全行为、物的不安全状态是事故的直接原因，企业事故预防工作的重点就是消除人的不安全行为和物的不安全状态。事实上，大多数工业伤害事故都是由工人的不安全行为引起的，即使一些工业伤害事故是由物的不安全状态引起的，物的不安全状态的产生也是由工人的疏漏、错误操作造成的。由此可见，在建筑施工过程中，消除人的不安全行为对建筑工程安全管理来说至关重要。利用基于 BIM 的技术手段对复杂施工现场的不安全行为进行监控和预警，往往会取得不错的效果。

定位技术是支持现场作业人员空间预警的基础。考虑到施工现场的动态性和复杂性，有必要探索适用于建筑施工现场环境的定位技术。目前，常用的定位技术有非射频、GPS、RFID（射频识别技术）、WSN（无线传感器网络）和

UWB（超宽带）等五种，已经被广泛应用于各行各业。这五种定位技术相比而言没有绝对的优劣，在施工现场应用时，须考虑施工现场环境以及各个定位技术的适用性和优缺点，结合实际应用需求合理选择。

结合 BIM 技术、视频监控、定位技术以及施工现场作业人员和机械设备信息，有助于提高安全管理方面水平。这主要体现在以下几方面：

第一，工作人员进出场及行动路径识别。利用施工现场工作人员和机械设备的位置数据，系统可以在工作时间内计算并获得工作人员和机械设备的具体位置，并且可以确定工作人员进出施工现场的时间。根据施工现场的具体情况和不同工种的工作时间，系统可以为施工现场的每个工作人员分配上班时间。结合工作时间和工作人员所处的位置信息，系统可以得到工作人员在工作时间内的行动路径，也可以确定工作人员在施工现场的一系列工作行为。如果不慎发生施工安全事故，则系统可以借助工作人员进出场及行动路径识别，迅速了解施工事故现场的工作人员人数，协助制定最佳的搜救策略，并帮助工作人员自助和互助。

第二，工作人员不安全位置判定及预警。一部分施工事故是由工作人员所处的不安全位置或者工作人员与机械设备之间存在安全隐患造成的。通过定位技术，系统可以获取工作人员和机械设备的实时位置信息，并同时分析其位置和状态是否安全，若存在安全隐患，则立刻发出警报。例如，系统通过计算人和临边的距离，获取他们是否存在安全隐患。当距离小于设定的安全距离临界值，系统会立刻向相关管理人员和操作人员发送相应的预警信号，以实现安全事故的预警。

第三，安全装备佩戴识别。通过扫描设备扫描穿戴在工作人员身上的二维码和组装在安全装备上的二维码，系统可以识别工作人员的身份并确定他们的工作权限等级，从而判断工作人员是否按规定佩戴了安全装备。这样可以有效避免由工作人员未正确佩戴安全装备导致的安全事故。

第四，机械操作权限识别。在机械设备上贴上一个包含机械设备各种属性信息的二维码，当工作人员操作机械设备时，系统同时接收机械设备的属性信息和操作员的属性信息，以确定机械设备是否为常规的操作设备，操作员是否有权操作机械设备等。如果机器由未经授权的人员操作，则系统将向安全管理人员发送警告消息，并要求未经授权的人员停止相应的非法操作。图 5-28 所示为安全预警系统的基本构架。

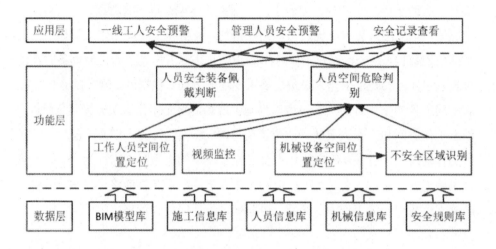

图 5-28　安全预警系统的基本构架

　　借助基于 BIM 的建筑工程安全管理平台的视频监控功能，系统可以确定人员的空间位置，还可以对施工作业实时监控。图 5-29 所示为基于 BIM 的建筑工程安全管理平台的"视频监控"界面。

图 5-29　基于 BIM 的建筑工程安全管理平台的"视频监控"界面

　　基于 BIM 的施工人员不安全行为预警系统，可以识别工作人员的信息和位置、安全防护装备佩戴情况、机械设备的信息和位置、机械设备操作权限等，进而根据工作人员的位置和各种不安全区域的范围，识别不安全区域中是否存在不应当出现在该区域的工作人员。如果有，则提示危险或要求其离开。还可以将该区域中可能发生的危险事故实时提示给在该区域范围内的工作人员，使其有效规避，从而有效避免各种安全事故的发生。基于 BIM 的施工人员不安全行为预警系统的工作流程，如图 5-30 所示。

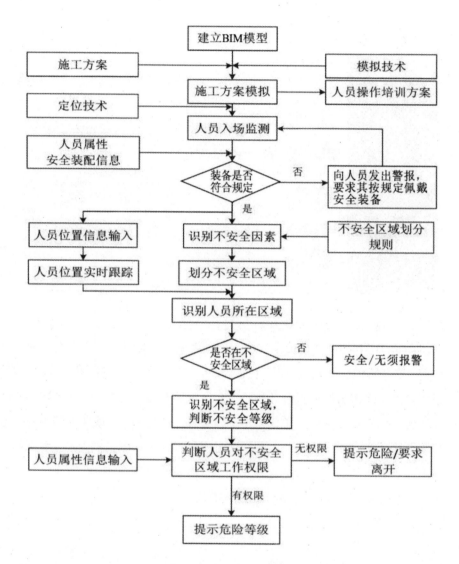

图 5-30　基于 BIM 的施工人员不安全行为预警系统工作流程

（3）安全技术交底

工程的事前控制首先通过安全技术交底来实现。在传统的项目管理中，安全技术交底主要基于文字和二维图纸，管理人员会向工人进行口头指导。这样的交底方式存在一定的缺陷：不同的管理人员对同一道工序有不同的理解，其对文字和二维图纸进行的描述往往存在一定差异；每个工人的理解能力不同，有些工人在理解上有困难，还是按照以往的经验干，这可能会引起质量安全问题，对工程极为不利。基于 BIM 的可视化安全技术交底，如图 5-31 所示，可以对建筑物关键部位及复杂工艺等利用虚拟现实技术的方式，将以往图纸上线条式的构件变成三维的立体实物图、视频等。相关人员可借此对工人进行多维可视化安全技术交底，使其能更加直观、准确地掌握整个施工过程、技术要点和安全注意事项，这对保证安全施工和工程质量意义非凡。

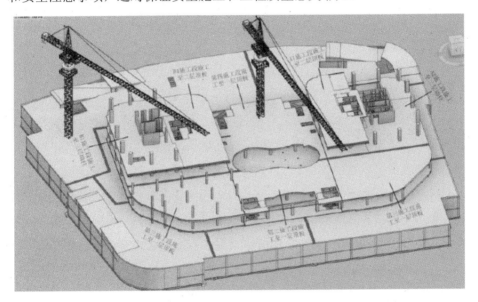

图 5-31 基于 BIM 的可视化安全技术交底

4.基于 BIM 的建筑工程运营维护阶段的安全管理

虽然一个建筑项目的设计、施工等活动多是在数年内完成的，但项目生命周期会延续很长一段时间。其中，时间最长的阶段是项目的运营维护阶段。同时，运营维护阶段也是能够从完善的数据信息中受益最多的阶段。基于 BIM 的建筑工程运营维护阶段的安全管理，主要从以下几个方面开展：

（1）运营安全监测

利用 BIM 技术，不但可以实现建筑物在建设阶段的 4D 施工模拟，还可以实现在运营维护阶段的 4D 运营模拟。基于 BIM 的运营安全监测，在运营维护阶段的安全管理工作中起着重要作用。

在建筑物中安装摄像头，是运营监控的重要手段。通过 BIM 模型和摄像机系统的结合，相关运营人员可以通过点击 BIM 模型中的虚拟摄像机来调取实际建筑物中同样位置的摄像机，从而获取实时监控视频。通过这种实时监控集成的智能化和可视化管理的方式，相关运营人员不但可以发现安全问题，而且可以明确建筑物中发生安全问题的确切位置。用这种方式进行运营安全监测是很合适的。

（2）火灾消防管理

建筑物中最危险的紧急情况是火灾，因此几乎所有基于 BIM 的应急管理系统都适用于火灾这一紧急情况。BIM 提供了一个全面的数字环境，在该环境中，所有与建筑物安全相关的信息都可以用于模拟，如消防通道模拟。相关运营人员可以基于 BIM 设置不同的虚拟火灾场景并在其中参与 VR 严肃游戏。相关运营人员可以使用 BIM 技术执行火灾分析模拟，整合防火区域、消防通道、疏散线、防火门等相关信息，从而及时制定消防救援和人员疏散计划。此类模拟可用于指导消防救援，也可用于疏散训练。BIM 技术在建筑物消防救援中的应用如图 5-32 所示，基于 BIM 的建筑工程安全管理平台的"安全逃生模拟"界面如图 5-33 所示。

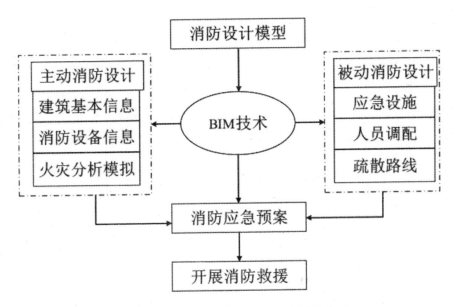

图 5-32 BIM 技术在建筑物消防救援中的应用

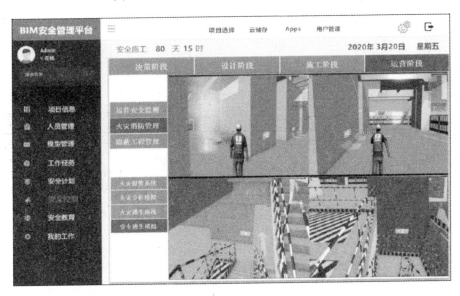

图 5-33 基于 BIM 的建筑工程安全管理平台的"安全逃生模拟"界面

BIM 在建筑火灾消防管理中的应用见图 5-34。在运营维护阶段的火灾消防管理中，工作人员需要对消防设施作日常检修和维护。BIM 模型包含建筑物消防的全部信息，结合二次系统开发可以为消防设备添加消防系统自动控制、智能传感等功能，形成中央处理器（central processing unit, CPU）。当建筑物内部发生火灾的时候，中央处理器可以从 BIM 模型中调取所有消防信息，然后快速启动火灾自动报警和灭火设备控制等功能。基于 BIM 的控制中心可以及时查询周围的环境状况和设备状况，并为有效营救、疏散等提供信息。

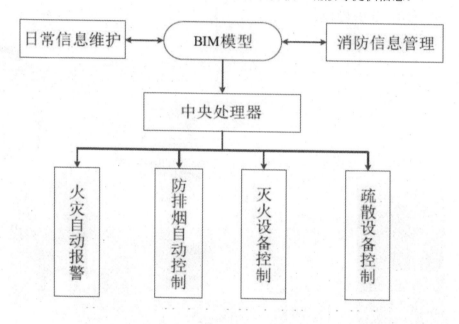

图 5-34 BIM 在建筑火灾消防管理中的应用

（3）隐蔽工程管理

隐蔽工程就是在施工后被隐蔽起来、表面无法看到的专业工程，如排水管、电气管线等管线工程。这些隐蔽工程在后期改建或二次装修的时候很难发现。借助基于 BIM 的建筑工程安全管理平台，工作人员不但可以随时调出、调整、共享隐蔽工程的准确信息，还可以在三维模型中直接获得相对位置关系，从而大大降低安全隐患。

基于 BIM 的建筑工程安全管理平台支持全寿命周期建筑的安全管理，方便各参与方协同参与建筑工程的安全管理。图 5-35 所示为基于 BIM 的建筑工程安全管理平台的"我的工作"界面,管理人员通过此界面可接收安全管理工作的任务、通知等消息。

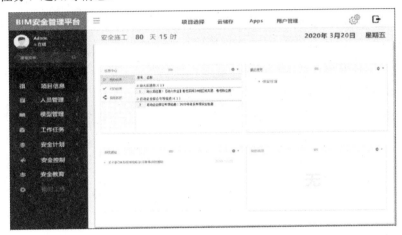

图 5-35　基于 BIM 的建筑工程安全管理平台"我的工作"界面

(二)基于 BIM 的建筑工程安全管理保障体系

在我国,BIM 自引入以来,整体仍处于发展阶段,其在建筑工程全寿命周期中的应用价值也远未完全发挥出来。

为了充分发挥 BIM 在建筑工程全寿命周期的应用价值,保证基于 BIM 的建筑工程安全管理平台能够顺利运行,必须建立相应的管理保障体系。

基于 BIM 的建筑工程安全管理本身就是一个系统,影响该系统的各个因素各自独立却又相互联系。基于 BIM 的建筑工程安全管理系统内部又存在着反馈机制,也就是说基于 BIM 的建筑工程安全管理系统中的某一项因素发生了变化,会引起其他相关因素的变化,最终导致基于 BIM 的建筑工程安全管理系统产生的结果有所改变。与此同时,系统的结果反过来又影响这一项因素的发展。借助系统动力学分析理论,通过整理影响基于 BIM 的建筑工程安全管理体系的各个要素,分析各个要素的因果反馈关系,进而可以根据影响因素构建基于 BIM 的建筑工程安全管理保障体系。

从字面解读，基于 BIM 的建筑工程安全管理系统由 BIM、建筑工程以及安全管理三部分组成。通过对国内大量 BIM 应用案例以及 BIM 发展情况分析，基于 BIM 的建筑工程安全管理系统总共包含行业规范性、从业人员素质、救援机制、BIM 应用程度及 BIM 应用环境五个主要部分。

第一，行业规范性主要由监管力度、发展规划、相关法律体系、安全管理标准规范以及行业制度等的水平决定。

第二，从业人员素质主要体现在工作态度、工作安全意识与责任、人员行为水平以及 BIM 技术能力等方面。

第三，救援机制主要由安全管理投入和设施资金投入决定。

第四，BIM 应用程度主要由软件功能、二次开发、BIM 数据库以及 BIM 战略规划等的水平决定。

第五，BIM 应用环境主要由 BIM 标准规范和 BIM 标准操作流程决定。

结合系统内各要素之间的因果反馈关系和 Vensim PLE 软件，笔者得到了基于 BIM 的建筑工程安全管理系统因果反馈关系，如图 5-36 所示。

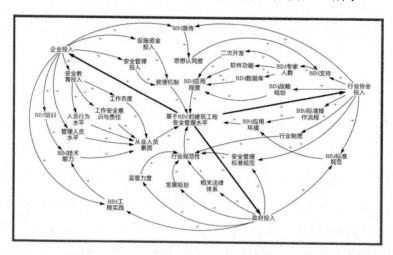

图 5-36 基于 BIM 的建筑工程安全管理系统因果关系图

构建基于 BIM 的建筑工程安全管理保障体系，可从四个关键保障措施着手，即组织保障措施、制度保障措施、经济保障措施和技术保障措施。

1.组织保障措施

组织保障措施主要由政府相关部门、行业协会和各建筑企业负责实施。其中各建筑企业起主要作用，负责组织成立 BIM 中心，建立各单位的安全生产体系以及明确各岗位职责。政府部门和行业协会应该积极提倡 BIM 的应用，并组织举办 BIM 设计应用大赛等，推广 BIM 技术。

2.制度保障措施

第一，BIM 相关法律法规。政府相关部门要制定 BIM 相关法律法规，为 BIM 行业提供法律约束和保障。

第二，BIM 标准规范。政府相关部门应该选择中立的高校或企业协会组织编制 BIM 应用技术标准规范。

第三，市场环境。政府相关部门要监督公平、公正的市场环境的建立，为企业带来更多的机会，为 BIM 技术的推广和发展奠定良好的市场环境基础。

第四，行业制度。行业协会负责制定相关行业制度，加大监管力度，确保 BIM 行业健康有序发展。

第五，发展战略规划。政府相关部门还应组织制定 BIM 在建筑工程应用中的长期目标并为 BIM 的发展指明方向。

3.经济保障措施

第一，资金补助和奖励。政府相关部门可设立 BIM 应用相关奖项，持续加大支持 BIM 应用税费优惠政策的落实力度，促进个人、企业积极应用 BIM。

第二，安全教育资金投入。建筑企业要加大与 BIM 相关的安全教育和安全培训的投入，以提高工作人员的安全责任意识和安全行为水平，减少事故的发生。

4.技术保障措施

第一，BIM 技术支持。政府相关部门和行业协会应加大对 BIM 技术的支持力度，培养 BIM 专家并开展 BIM 二次开发、扩展 BIM 数据库等。

第二，BIM 技术工程实践。各个建筑企业应积极在实际项目中应用 BIM

技术，构建企业的信息共享、业务协同平台，提高企业的 BIM 应用水平，积累 BIM 技术在实际项目中的应用实践经验，提升企业的核心竞争力。

第三，BIM 技术培训。行业协会和建筑企业应广泛开展从业人员 BIM 技术培训，使从业人员深入学习 BIM 在建筑工程安全管理中的实施方法和路线，提高从业人员的 BIM 操作能力。

总结以上观点，笔者认为基于 BIM 的建筑工程安全管理保障体系的内部因果关系如图 5-37 所示。

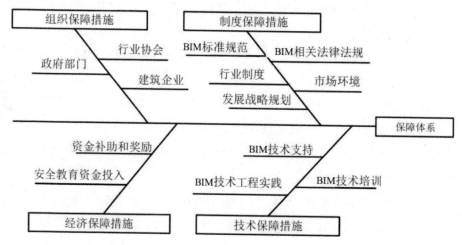

图 5-37　基于 BIM 的建筑工程安全管理保障体系的内部因果关系图

在全球数字化浪潮背景下，城市的建设、运营、管理进入了精细化治理时代。这就要求工程建设行业以自主可控的 BIM 技术为基石，加速推进行业数字化转型。如今，BIM 已被广泛地应用于实际建筑工程。BIM 也作为近年来出现的能够有效实现工程建设多维建模的技术，在项目的全生命周期内都发挥着重要的作用。在建筑工程安全管理中引入 BIM 技术，不但能够有效解决施工安全管理过程中的资料共享问题，而且能够提升不同单位之间的安全管理协作能力，扩展建筑工程安全管理手段，提高安全管理信息化水平。

第六章 基于 BIM 的
建筑工程项目协同管理

第一节 业主方的 BIM 协同管理

现今众多企业采用协同作业的方式，以应对高度竞争的环境。协同作业是指一个项目由两个及以上的单位共同合作，以协同合作流程整合团队，达成虚拟整合。建筑工程通常以跨专业及跨领域的合作方式进行，规模越大的工程需要越多不同专业的技术人员一起参与，但是因为不同专业各自的协调作业方式不同，沟通与协调就成为非常重要的事情，因此针对整个工程项目建立协同作业模式是很有必要的。

随着 BIM 技术的成熟、普及，越来越多的建筑企业通过 BIM 技术进行建筑工程项目协同管理。业主方的 BIM 协同管理在基于 BIM 的建筑工程项目协同管理中占有重要地位。

一、业主方 BIM 应用的组织模式

业主方通常不会直接建立 BIM 模型，在 BIM 应用部分，业主方主要是使用设计承包方或施工承包方建立的 BIM 模型浏览，因此在组织配置时，模型版次管理及模型浏览是主要考虑的工作项目。业主方 BIM 应用组织模式如表6-1 所示。在业主方 BIM 应用组织模式中，一般会有一位负责 BIM 模型版次

管理的人员，确保所应用的 BIM 模型版次是正确的，如业主方 BIM 经理。除了 BIM 经理，业主方还会有 BIM 应用工程师，此工程师主要负责 BIM 模型操作浏览、确认 BIM 模型信息。

表 6-1　业主方 BIM 应用组织模式

职务	职责
BIM 经理	BIM 模型版次管理
BIM 应用工程师	BIM 模型操作浏览、确认 BIM 模型信息

二、业主方 BIM 模型协同管理的方法

业主方 BIM 模型协同管理架构如图 6-1 所示。业主方在收到 BIM 模型后，BIM 经理会先确认模型版次及其与前次版本有何差异，进行模型的版次管理并为其编号；模型版次编号完毕，BIM 应用工程师会使用 BIM 模型进行操作浏览，或者在会议上就模型进行讨论，业主方会将讨论的结果和修改的地方告知模型提供者，模型提供者再进行修改。

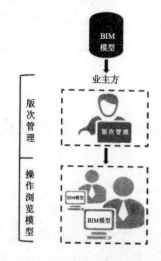

图 6-1　业主方 BIM 模型协同管理架构图

第二节 BIM 模型协同管理

BIM 模型在建筑工程项目的各个阶段都有所应用,且建筑工程各相关单位要基于 BIM 模型进行协同工作。因此,在建筑工程项目的各个阶段对 BIM 模型进行协同管理具有重要意义。本节以设计阶段的 BIM 模型协同管理为例对建筑工程 BIM 模型协同管理进行简单论述。

一、设计阶段 BIM 模型协同管理的方法

设计阶段 BIM 模型协同管理的基本参与人员为项目设计单位工作人员,下面针对设计阶段 BIM 模型协同管理的方法进行说明。

在设计阶段,建筑设计单位可以使用 BIM 模型进行设计,依据建筑工程项目的大小、复杂程度等来配置 BIM 建筑设计师的人数,项目内的 BIM 建筑设计师会用协同作业的方式共同设计建筑工程。设计阶段建筑设计单位 BIM 协同作业方式如图 6-2 所示。首先,建筑设计单位会建立一个 BIM 模型中央文件,BIM 建筑设计师会将中央文件另存为一个本端 BIM 模型文件;然后,每位 BIM 建筑设计师会在自己的本端文件建立或修改被分配到的区域 BIM 模型,再将自己编修过的文件与中央模型同步;最后,其他 BIM 建筑设计师在依上述步骤同步模型时,就会看见其他设计师所编修或建立的部分。这就是设计师之间关于 BIM 模型的协同作业。

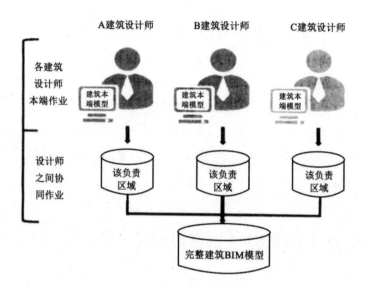

图 6-2　设计阶段建筑设计单位 BIM 协同作业方式示意图

建筑工程项目通常会依照专业项目发包给各设计单位，如建筑设计单位、结构设计单位、机电设计单位等。建筑设计单位在建立建筑 BIM 模型后，会将该模型提供给其他设计单位，其他设计单位可以连接建筑 BIM 模型，进行结构设计或机电设计。设计阶段结构设计单位与机电设计单位 BIM 协同作业方式如图 6-3 所示。若建筑设计有调整，则建筑设计单位应请其他设计单位进行建筑 BIM 模型的更新，以确保设计的正确性。

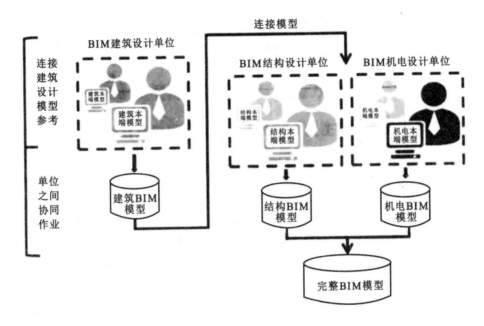

图 6-3　设计阶段结构设计单位与机电设计单位 BIM 协同作业方式

二、设计阶段 BIM 模型协同管理的组织

设计阶段在建筑工程中导入 BIM 技术时，由于专业发包等原因，各设计单位会建立各自专业的 BIM 模型。设计阶段常见的 BIM 模型协同组织如图 6-4 所示。首先，建筑设计单位会借助 BIM 进行建筑设计，设计完成的建筑 BIM 模型会提供给其他设计单位以作参考；然后，其他设计单位会将建筑 BIM 模型连接进各自的设计模型里，如结构设计单位可将建筑 BIM 模型连接进结构 BIM 模型，作为自己设计结构时的参考。

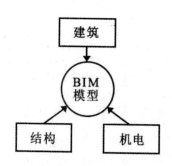

图 6-4 设计阶段常见的 BIM 模型协同组织

设计阶段各个单位使用 BIM 模型进行协同作业的工作人员及其相应的职责，如表 6-2 所示。各单位皆指派一人为 BIM 经理，由其负责 BIM 模型版次管理、BIM 模型复核。BIM 模型版次管理包括所属单位的 BIM 模型及用来参考的其他设计单位的 BIM 模型。BIM 设计师的人数可依照项目的规模大小、复杂程度等来调整。BIM 设计师负责建立各 BIM 模型，并连接其他设计单位的 BIM 模型。

表 6-2 设计阶段 BIM 模型各单位人员安排

单位	职务	职责
建筑设计单位	BIM 经理	BIM 模型版次管理、BIM 模型复核
	建筑 BIM 设计师	建立建筑 BIM 模型
结构设计单位	BIM 经理	BIM 模型版次管理、BIM 模型复核
	结构 BIM 设计师	建立结构 BIM 模型、连接建筑 BIM 模型
机电设计单位	BIM 经理	BIM 模型版次管理、BIM 模型复核
	机电 BIM 设计师	建立机电 BIM 模型、连接建筑 BIM 模型

结构设计单位或机电设计单位在参考建筑 BIM 模型的过程中，若遇到建筑设计调整，则应重新连接更新版次后的建筑 BIM 模型。这样交换 BIM 模型信息的协同，往往会一直持续到该项目结束。

参 考 文 献

［1］陈波.BIM 信息可视化技术在基坑工程中的应用［J］.产业科技创新，2023，5（6）：72-74.

［2］陈庆明.BIM 技术在建筑工程管理中的应用［J］.城市建设理论研究（电子版），2023（33）：44-46.

［3］陈晓丽.BIM 技术在建筑工程施工管理中的应用［J］.低碳世界，2023，13（11）：109-111.

［4］丁晓.BIM 技术在房建工程施工中的应用探究［J］.城市建设理论研究（电子版），2023（34）：94-96.

［5］杜世煊.基于 BIM 的高层建筑施工管理机制研究［J］.砖瓦，2023（12）：102-104.

［6］范弘烨，盛敏杰，宋晋.BIM 技术在 EPC 项目管理中的应用探讨［J］.中国建设信息化，2023（22）：83-87.

［7］房靖超.建筑结构设计中的 BIM 技术探究［J］.中国住宅设施，2023（11）：160-162.

［8］冯耀纪，梁丽丽，黄平，等.BIM 技术在建筑工程设计中的应用研究［J］.房地产世界，2023（22）：133-135.

［9］冯禹诚.BIM 技术支持下的绿色建筑优化设计［J］.佛山陶瓷，2023，33（12）：68-70.

［10］高飞.建筑施工安全管理工作中 BIM 技术的应用［J］.居舍，2023（35）：19-22.

［11］耿俊虎.BIM 技术在建筑工程全过程造价管理中的应用研究［J］.安徽建筑，2023，30（11）：111-112，160.

［12］洪颖.BIM 技术在施工成本控制中的应用研究［J］.工程建设与设计，2024

（1）：244-246.

[13] 黄迪绩. BIM 可视化技术在房建施工模拟管理中的应用[J]. 工程技术研究，2023，8（22）：156-158.

[14] 黄勇，段连蕊，郭建厅，等. BIM 5D 技术在施工过程管控中的应用研究[J]. 绿色建筑，2023（6）：115-118.

[15] 郎晓雪. BIM 技术在建筑电气设计中的创新与应用[J]. 江苏建材，2023（6）：55-57.

[16] 李林峰. BIM 技术的智能化建筑施工分析[J]. 江苏建材，2023（6）：121-122.

[17] 李伟伟. BIM 技术在住宅建筑施工中的应用与优势[J]. 居舍，2024（2）：27-30.

[18] 林赓. 建筑工程建设管理中 BIM 技术的应用研究[J]. 中国建设信息化，2023（23）：58-61.

[19] 林君晓，冯羽生. 工程造价管理[M]. 3 版. 北京：机械工业出版社，2022.

[20] 林敏，吴芳，白冬梅. 工程造价管理[M]. 南京：东南大学出版社，2020.

[21] 林启刚. 基于 BIM 技术的建筑工程施工工艺流程优化与管理研究[J]. 智能建筑与智慧城市，2023（11）：69-71.

[22] 林勇平. BIM 技术在建筑工程项目管理中的有效运用[J]. 居业，2023（11）：99-101.

[23] 林振德，程嘉，魏利新，等. 建筑项目施工阶段的 BIM 技术管理平台研究[J]. 四川建材，2024，50（1）：213-215.

[24] 刘汉清，赵恩亮，陈翔. 建筑工程质量与安全管理[M]. 4 版. 北京：北京理工大学出版社，2021.

[25] 刘克剑，李海凌，贾红艳，等. 基于 BIM＋的公共建筑运维管理[M]. 北京：机械工业出版社，2022.

[26] 马锦，王刚. 基于 BIM 技术的建筑方案竖向合理性研究[J]. 城市勘测，2023（6）：7-11.

[27] 马宇青，张吟秋. 建筑工程造价管理有效控制工程造价策略[J]. 建材世界，2023，44（6）：128-131.

[28] 亓永荻，朱伟，李祥. 基于 BIM 技术的造价管理研究与分析[J]. 四川建材，2024，50（1）：225-227.

[29] 冉柱文. 建筑施工中 BIM 技术在施工管理中的应用[J]. 居舍，2023（35）：45-48.

[30] 隋晶晶，周红霞，庞宇平. 基于 BIM 的建筑工程档案管理研究[J]. 兰台世界，2023（12）：93-97.

[31] 孙艳，赵华英. BIM 技术在建筑施工中的成本控制与管理[J]. 智能建筑与智慧城市，2024（1）：78-80.

[32] 陶伯雄，黄皓. 基于 BIM 技术的建筑施工安全管理应用[J]. 智能建筑与智慧城市，2023（12）：70-72.

[33] 涂丽娜. 基于 BIM 的建筑施工项目全过程成本控制研究[J]. 中国建设信息化，2023（23）：78-81.

[34] 王乐. BIM 技术在建筑工程现场管理中的应用[J]. 工程建设与设计，2024（1）：232-234.

[35] 王胤. BIM 技术在建筑给排水设计中的应用[J]. 大众标准化，2024（2）：169-171.

[36] 翁彬鑫. BIM 技术助力建筑工程智能建造管理升级探讨[J]. 未来城市设计与运营，2023（11）：69-71.

[37] 翁煜晴. 基于 BIM 技术的建筑给排水设计与优化分析[J]. 居舍，2023（36）：114-117.

[38] 吴浩. BIM 技术在建筑工程设计与施工阶段的应用分析[J]. 四川水泥，2024（1）：105-107.

[39] 吴伟英. BIM 技术在绿色建筑材料管理中的运用研究[J]. 江苏建材，2023（6）：25-26.

[40] 吴瑜灵. 基于 BIM 技术的建设项目智能建造应用研究[J]. 广东土木与建筑，2023，30（12）：1-4，14.

[41] 谢长城. BIM 技术应用到建筑施工进度控制中的分析[J]. 城市建设理论研究（电子版），2023（36）：123-125.

[42] 薛兆瑞，张杰，刘松毅，等.中国绿色建筑设计中 BIM 技术应用研究综述[J].智能建筑与智慧城市，2024（1）：18-20.

[43] 闫凯，郑连斌，李云江.BIM 在我国建筑行业中的应用与发展[J].产品可靠性报告，2023（12）：149-151.

[44] 杨宝三.基于 BIM 技术的建筑项目造价全过程协同管理研究[J].中国建筑装饰装修，2023（23）：59-61.

[45] 杨方芳，李宏岩，王晶.建筑工程管理中的 BIM 技术应用研究[M].北京：中国纺织出版社，2022.

[46] 杨嘉欣.BIM 技术在建筑工程安全管理中的应用研究[D].长春：吉林建筑大学，2022.

[47] 于翔.基于 BIM 技术的绿色建筑施工项目进度优化研究[J].广东建材，2023，39（12）：126-129.

[48] 袁明慧，武永峰.BIM 技术在某建筑项目施工管理中的应用[J].四川建材，2024，50（1）：216-219.

[49] 张林.基于 BIM 模型的建筑工程造价成本控制算法[J].中国建筑金属结构，2023，22（12）：190-192.

[50] 张明，张腾飞，白生锡.房建工程 BIM 施工深化设计研究[J].四川建材，2024，50（1）：128-130.

[51] 张亚琦，杨锋.基于 BIM 技术建筑节能设计的应用分析[J].佛山陶瓷，2023，33（12）：71-73.

[52] 张争强，肖红飞，田云丽.建筑工程安全管理[M].天津：天津科学技术出版社，2018.

[53] 郑若婷，杜丽岩.浅析 BIM 技术在建筑工程质量管理中的应用[J].大陆桥视野，2023（12）：131-132.

[54] 周文俊.基于 BIM 技术的工程造价精细化管理研究[J].房地产世界，2023（22）：96-98.

[55] 邹文祥.BIM 技术在建筑施工管理中的应用研究[J].房地产世界，2023（22）：148-150.